평범한 빵이 화려하게 변신하는

마법의 빵

야기 가나 지음
황세정 옮김

고슴도치 빵
Pain hérissons

‘고슴도치 빵’과 ‘크로크 케이크’
Introduction

지금 프랑스에서는
특별할 것 없는 불(Boule)과 캄파뉴(Campagne) 같은 프랑스 빵을 마치 마법과도 같이
한순간에 근사한 요리로 변신시키는 레시피가 화제를 모으고 있습니다.
'고슴도치 빵'과 '크로크 케이크'가 바로 그 주인공이랍니다.

불이나 캄파뉴에 격자무늬로 칼집을 낸 다음,
그 사이에 치즈와 채소를 넣어
오븐에 구운 것을 고슴도치 빵(Pain hérissons)이라고 부릅니다.
오븐에 구우면 격자무늬 칼집이 마치 고슴도치의 등에 난 가시처럼 보인다고 해서
이런 이름이 붙었습니다.

이 격자무늬의 칼집은 보기에만 특별한 것이 아니라,
잘린 빵 한 조각 한 조각을 손으로 집어먹을 수 있게 하는 편리함까지
갖추고 있습니다!
많은 사람들이 모인 자리에 애피타이저나 디저트로 내기에 그야말로 안성맞춤이지요.
강렬한 인상을 주는 고슴도치 빵의 화려한 모습은
테이블에 등장하자마자 모두의 시선을 끌어당길 것입니다.

또 다른 주인공인 '크로크 케이크(Croque-cakes)'는
프랑스에서 즐겨 먹는 간편한 요리인 '크로크 무슈'를 케이크로 만든 것입니다.
치즈, 햄, 빵으로 만든 크로크 무슈는
원래 하나의 접시에 1인분씩 담겨 나오는데,
이러한 크로크 무슈를 파운드케이크 틀에 구우면 더 먹음직스럽게 보일 뿐만 아니라
다 함께 나누어 먹을 수도 있습니다.

이렇게 만든 크로크 케이크는 파티용 음식으로 내기에 정말 좋지요!
크로크 케이크의 가장 큰 장점은 따로 반죽을 만들 필요가 없다는 점입니다.
평범한 식빵이 한층 더 맛있고 화려한 음식으로 다시 태어나므로
왠지 크게 이득을 보는 듯한 기분도 들지요.

고슴도치 빵과 크로크 케이크를 만들기 위해 특별한 빵이 필요하시는 않아요.
이 책에 실린 레시피들은 그 어떤 빵을 사용하든 간에
원래보다 한층 고급스럽고 먹음직스럽게 만들어 준답니다.
즐겁고도 맛있는 이 마법을 여러분도 한번 시도해 보시길 바랍니다.

크로크 케이크
Croque-cakes

차례
Sommaire

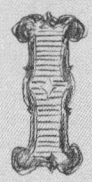

고슴도치 빵
Pains hérissons

＊ 일러두기
- 재료는 특별한 언급이 없는 이상, 빵 1개 분량입니다.
- 오븐은 전기 오븐을 사용합니다. 오븐의 기종에 따라 굽는 온도 및 시간이 다소 차이 날 수 있으므로 중간 중간 상태를 확인하시기 바랍니다.
- 프라이팬은 불소수지 코팅이 된 것을 사용합니다.
- 1큰술=15ml, 1작은술=5ml 입니다.

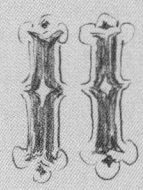

크로크 케이크
Croque-cakes

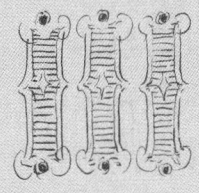

다른 빵으로
만드는 요리
Gratin de pain,
baguette farcie, savarin

빵에 대해 *Pains*

기본 재료인 빵. '고슴도치 빵'에는 불이나 캄파뉴, '크로크 케이크'에는 식빵을 사용합니다.
III 장에서는 바게트나 브리오슈를 사용한 요리도 소개합니다.

불(왼쪽)

'공'이라는 뜻을 지닌 프랑스 빵. '고슴도치 빵'은 이 빵으로 만듭니다. 밀가루, 소금, 물, 빵 효모로 만든 반죽을 둥글게 빚어 구워내는데, 크럼(crumb, 빵의 흰 부분)이 많은 것이 특징입니다. 이 책에서는 지름 12~13cm, 높이 7~8cm의 불을 사용합니다. 불 대신 조금 작은 캄파뉴를 사용해도 됩니다.

식빵(오른쪽)

'크로크 케이크'는 일반적인 식빵으로 만듭니다. 식빵에는 윗부분이 둥글게 부풀어 오르는 산형 식빵과 단면이 거의 정사각형에 가까운 각형 식빵이 있는데, 이 책에서는 일반적으로 사용하는 각형 식빵, 그중에서도 식빵 한 통을 8장으로 자른 것(식빵 한 장 두께 15mm)을 사용합니다. 식빵 자체의 맛이 크로크 케이크 전체에 크게 영향을 미치지 않으므로 흔히 구할 수 있는 식빵을 사용하면 됩니다.

남은 식빵 껍질 활용법

'크로크 케이크'를 만들 때는 식빵 껍질을 모두 자릅니다. 남은 껍질은 다음과 같이 활용해 보세요.

그리시니 *Grissini*

재료 [만들기 쉬운 분량]

| 식빵 껍질 16개
| 올리브유 2~3큰술
| 소금 ¼작은술

만드는 방법

식빵 껍질에 올리브유와 소금을 뿌린 다음 오븐 시트를 깐 오븐팬에 나란히 올려 200℃로 예열한 오븐에 10분 정도 구워요.

치즈 팬케이크

재료 [지름이 20cm인 프라이팬 1개 분량]

빵 껍질 16개 ▶ 절반 길이로 잘라요.

A | 푼 달걀 1개 분량
 | 우유 50ml
 | 소금 · 후추 적당량
 | ▶ 골고루 섞어요.

베이컨(얇게 썬 것) 2장 ▶ 5mm 폭으로 썰어요.

피자용 치즈 40g

만드는 방법

1_ 볼에 A와 빵 껍질을 넣고 골고루 섞어 빵 껍질에 A가 잘 배어들게 한 다음 여기에 베이컨과 피자용 치즈를 넣어 다시 골고루 섞어요.

2_ 프라이팬을 중불로 가열한 다음 1을 부어 둥근 모양을 만듭니다. 다소 약한 중불에서 2~3분 정도 구운 다음, 반대편으로 뒤집어 다시 2분 정도 구워요.

치즈에 대해 *Fromages*

'고슴도치 빵'과 '크로크 케이크' 모두 어떤 치즈를 사용하느냐가 매우 중요합니다. 치즈는 단순히 맛을 내는 것뿐만이 아니라, 모든 재료를 전체적으로 어우러지게 하는 작용을 합니다. 아래에 소개한 치즈뿐만 아니라, 일반적인 피자용 치즈를 사용하는 레시피도 있습니다.

모차렐라(Mozzarella)

이탈리아 캄파니아(Campania) 주가 원산지인 프레시 치즈입니다. 원래 물소의 젖으로 만들지만, 일본에서 구입하는 제품은 일반적으로 우유를 원료로 합니다. 가벼운 탄력이 느껴지며, 열을 가하면 쫀득하게 녹습니다. 풍미가 강하지 않아 그 어떤 식재료와도 잘 어울립니다.

카망베르(Camembert)

프랑스 노르망디 지방의 카망베르 마을이 원산지인 흰곰팡이 치즈입니다. 표면에 흰곰팡이를 증식시켜 숙성시키면 숙성이 진행될수록 속이 부드러워집니다. 고급스러운 맛을 내며 식감도 뛰어나 먹기 편한 치즈입니다.

크림치즈

우유와 생크림을 유산균으로 발효시켜 만든 프레시 치즈입니다. 산뜻하고 새콤한 맛과 부드러운 식감을 내는 것이 특징입니다. 제조사에 따라 짠맛이나 새콤한 맛이 차이 나므로 취향에 맞는 것을 선택해 사용하시기 바랍니다.

파르메산 치즈(Parmigiano-Reggiano, 파르미지아노 레지아노)

이탈리아 북부에서 생산되는 하드 치즈로, '이탈리아 치즈의 왕'이라 불립니다. 이 책에서는 주로 갈아서 사용합니다. 평균 2~3년 정도 숙성시키므로 향기로운 풍미를 지닙니다. 치즈 가루를 대신 사용하기도 하는데, 치즈 가루는 염분이 많으므로 소량만 사용하는 것이 좋습니다.

고르곤졸라(Gorgonzola)

이탈리아 북부에서 생산 중인 푸른곰팡이 치즈의 일종입니다. 프랑스의 로크포르(Roquefort), 영국의 스틸턴(Stilton)과 함께 세계 3대 블루치즈로 꼽힙니다. 블루치즈 특유의 톡 쏘는 맛을 지닌 치즈로, 파스타나 리소토 이외에도 과자 등에 사용합니다.

체더(Cheddar)

영국 서머싯 주 체더 마을이 원산지로, 오늘날 전 세계에서 가장 많이 생산되는 하드 치즈입니다. 자극적이지 않은 산미와 부드러운 풍미를 지녔으며, 샌드위치 재료로 많이 쓰일 만큼 빵과 잘 어울립니다.

코티지치즈(cottage cheese)

탈지유를 주원료로 한 프레시 치즈입니다. 대표적인 비숙성 연질 치즈로, 담백한 맛이 특징입니다. 다른 치즈에 비해 지방분이나 염분이 적은 편입니다.

도구에 대해
Ustensiles

브레드 나이프
빵 전용 나이프입니다. 특히 '고슴도치 빵'을 만들 때는 브레드 나이프를 사용하는 것이 좋습니다. 빵을 찌그러뜨리지 않고 깔끔하게 자를 수 있습니다. 또 칼날의 폭이 좁기 때문에 '스터프드 바게트(Stuffed Baguette, 76쪽)'에서 바게트의 속을 도려낼 때 사용하면 편리합니다.

알루미늄포일
'고슴도치 빵' 전체를 감쌀 때 사용합니다. 이 책에서는 지름이 12cm 정도인 불을 사용하므로 폭이 25cm 이상인 알루미늄포일을 사용하시기 바랍니다. 알루미늄포일의 폭이 그보다 좁은 경우에는 두 장을 겹쳐 사용합니다.

거품기
스테인리스 재질로, 와이어의 수가 많은 제품을 사용해야 재료가 덩어리지지 않고 고르게 섞입니다.

나무 주걱/실리콘 주걱
나무 주걱은 화이트소스나 토마토소스의 재료를 불에 올려 볶을 때 사용합니다. 실리콘 주걱은 주로 '크로크 케이크'에서 틀에 깐 빵을 고르게 할 때 사용하므로 내열 실리콘 재질로 된 소형 주걱을 사용하는 것이 좋습니다.

파운드케이크 틀
'크로크 케이크'에 사용하는 파운드케이크 틀은 길이 18cm × 폭 8.5cm × 높이 6cm의 스테인리스 틀입니다. 오븐 시트를 까는 방법 등은 38쪽을 참조하시기 바랍니다.

오븐
일반 가정용 오븐레인지를 사용합니다. 오븐의 기종에 따라 열전달이 차이 날 수 있으므로 처음 만들 때는 빵이 구워지는 상태를 확인하며 굽는 시간을 조절하시기 바랍니다.

재료에 대해
Ingrédients

달걀
중간 크기의 달걀을 사용합니다. 달걀은 너무 차갑지 않도록 사용하기 전에 미리 실온에 꺼내 둡니다.

우유
일반 우유를 사용합니다. 저지방 우유는 피하는 것이 좋습니다. 우유도 미리 실온에 꺼내 두었다가 사용합니다.

생크림
동물성 생크림을 사용하시기 바랍니다. 이 책에서는 유지방 함량이 35%인 제품을 사용하고 있지만, 취향에 따라 유지방 함량이 46%인 제품을 사용해도 괜찮습니다. '크로크 케이크'에서 빵을 적실 때 사용하는 크림은 실온에 미리 꺼내 두었다가 씁니다.

설탕/그래뉼러당
'설탕'으로 표시되어 있는 레시피는 모두 일반적으로 사용하는 백설탕을 사용하지만, 그래뉼러당을 사용해도 상관없습니다. 달콤한 '크로크 케이크'에 들어가는 크림이나 장식에 사용하는 휘프드 크림에는 그래뉼러당을 사용합니다. 특히 입자가 작아 잘 섞이는 제과용 미립 그래뉼러당을 사용하는 것이 좋습니다.

버터(가염/무염)
가염 버터는 '고슴도치 빵'과 '크로크 케이크' 중에서 짭짤한 맛이 나는 식사용 빵을 만들 때 재료를 볶거나 소스를 만드는 과정에서 사용합니다. 무염 버터는 주로 크렘 다망드(Créme d'amande, 아몬드 크림)나 캐러멜을 만들 때 사용합니다. 발효 버터가 아니어도 상관없습니다.

판 초콜릿
제과용이 아닌, 시중에 판매되는 일반 판 초콜릿을 말합니다. 취향에 따라 알맞은 당도를 선택하시기 바랍니다.

자주 하는 질문
FAQ

다른 빵으로도 만들 수 있나요?

'고슴도치 빵'은 불 이외에도 캄파뉴나 바게트 등 다른 빵을 이용해 만들 수 있습니다. 크럼(흰 부분)의 양이 많고, 크러스트(crust, 갈색빛이 도는 빵의 딱딱한 껍질 부분)가 단단한 빵을 사용하는 것이 좋습니다.

'크로크 케이크'를 만들 때는 식빵을 사용하는 것이 가장 좋습니다. 다른 빵은 적합하지 않습니다.

치즈를 전부 피자용 치즈로 하면 안 되나요?

레시피에 나와 있는 치즈를 사용하는 것이 좋지만, 피자용 치즈를 대신 사용할 수도 있습니다. 단, 피자용 치즈 중에는 염분과 유분이 많은 제품이 있으므로 다른 치즈 대신 사용할 경우 조금 적게 넣는 식으로 분량을 조절하시기 바랍니다.

오븐이 아닌 오븐 토스터에 구워도 되나요?

'고슴도치 빵'은 빵을 넣어도 어느 정도 공간이 남는다면 오븐 토스터에 구워도 상관없습니다. 단, 빵의 상태를 확인해 가며 굽는 시간을 조절하시기 바랍니다.

'크로크 케이크'를 만들 때는 오븐 토스터를 사용하면 속까지 열이 충분히 전달되지 않으므로 반드시 오븐에 구우시기 바랍니다.

빵을 구운 후 보관해도 되나요?

'고슴도치 빵'은 갓 구웠을 때가 가장 맛있습니다. 빵이 남았을 때는 마르지 않도록 랩 등으로 싸서 냉장고에 하룻밤 정도 보관할 수 있습니다. 물론 먹기 전에 다시 한 번 데우는 것이 좋습니다.

'크로크 케이크'도 랩 등으로 싸서 냉장고에 하루나 이틀 정도 보관할 수 있습니다. 먹을 때는 다시 한 번 데우는 것이 좋습니다. 달콤한 케이크는 차가운 상태에서 먹어도 맛있습니다.

혹시 빵에 넣기에 적합하지 않은 재료가 있나요?

기본적으로 수분이 많은 식재료는 어울리지 않습니다. 버섯처럼 볶을 때 수분이 나오는 재료는 충분히 볶아 수분을 완전히 날려 버리시기 바랍니다.

뿌리채소는 잘 익지 않으므로 볶거나 데쳐서 사용하는 것이 좋습니다.

14

고슴도치 빵
Pain hérissons

▶ 지름이 12~13cm인 불이나 캄파뉴 등으로 만드는 먹음직스러운 빵입니다. 빵에 격자무늬의 칼집을 낸 다음 그 사이에 갖가지 재료를 끼워 넣어 오븐에 굽기만 하면 됩니다. 빵이 갈라진 모습이 고슴도치를 닮았다고 해서 '고슴도치 빵'이라 불리게 되었습니다.

▶ 이 책에서는 불을 사용하지만, 캄파뉴로 만들어도 맛있습니다. 여러 가지 빵으로 만들어 보시기 바랍니다.

▶ 고슴도치 빵이 다 구워지면, 칼집을 낸 부분이 스틱 형태를 이루므로 하나씩 뜯어 먹을 수 있습니다.

▶ 짭짤한 빵뿐만 아니라, 달콤한 빵도 만들 수 있습니다. 특히 많은 인원이 모이는 자리에 간식으로 내기 좋습니다.

모차렐라
Mozzarella

모차렐라
Mozzarella

빵에 칼집을 내고 단면에 오일이나 페이스트 등을 바른 다음, 치즈나 채소 등을 칼집 사이에
골고루 채워 넣는 것이 고슴도치 빵을 만드는 기본적인 방법입니다.
어느 정도 익숙해지면 자신의 입맛에 맞는 재료를 활용해 다양하게 응용해 보시기 바랍니다.

재료[ⓐ 참조]

불 1개 ▶ 폭 2cm의 격자무늬로 칼집을 냅니다(ⓑ ⓒ ⓓ 참조).

모차렐라 100~150g(1~1.5개)
▶ 세로 방향으로 반을 자른 다음, 8mm 두께로 썰어요(ⓔ 참조).

버터(가염) 30g

다진 마늘 ½쪽 분량

다진 파슬리 1큰술

소금 · 후추 적당량

만들기

1_ 내열용기에 버터와 다진 마늘을 넣고 랩을 헐렁하게 씌운
다음 전자레인지에 넣어 20초 정도 돌립니다. 녹은 버터에 다
진 파슬리를 넣어 골고루 섞어요(ⓕ 참조).

• 빵의 단면에 바를 소스입니다. 마늘이나 홀 그레인 머스터드 등 버
터의 느끼한 맛을 잡아줄 수 있는 재료를 함께 넣으면 좋습니다.

2_ 알루미늄포일을 깔고 그 위에 불을 올린 다음, 칼집을 낸
부분을 벌리고 스푼 등을 이용해 **1**을 단면에 바릅니다(ⓖ 참조).

• 소스가 잘 스며들도록 구석구석까지 발라 주세요. 골고루 바르지
않으면 어느 한쪽이 너무 짜거나 싱거워질 수 있습니다.

3_ 칼집 사이에 모차렐라를 적당히 넣으세요(ⓗ 참조).

• 짭짤한 맛을 내는 '고슴도치 빵'에서 치즈는 매우 중요한 역할을 합
니다. 오븐에 구우면 치즈가 빵 전체에 골고루 녹아 하나가 됩니다.

4_ 불을 바닥에 깐 알루미늄포일로 감싼 다음(ⓘ 참조) (모자를
경우에는 알루미늄포일 한 장을 위에 더 덮어요 : ⓙ 참조) 오븐팬에 올려
(ⓚ 참조) 180℃로 예열한 오븐에 15분 정도 구운 후, 알루미늄
포일을 벌려 다시 5분 정도 굽습니다(ⓛ 참조). 알루미늄포일을
벗기고 불을 접시에 담은 뒤 입맛에 따라 소금과 후추를 뿌립
니다.

• 알루미늄포일은 25~30cm 길이의 정사각형으로 자릅니다.

• 오븐에 처음 넣을 때는 치즈가 잘 녹도록 알루미늄포일을 덮은 채
굽고, 나중에는 치즈에 살짝 갈색빛이 돌도록 알루미늄포일을 벌린
채 굽습니다. 마지막에는 입맛에 따라 소금과 후추로 간을 맞춰 주
세요.

Note

• 애피타이저로 안성맞춤이에요. 화이트 와인과도 잘 어울립니다.

• 칼집은 크러스트 바로 앞까지 냅니다. 브레드 나이프를 이용하면 좀 더 쉽
게 자를 수 있습니다.

• 오븐에 굽기 전, 불을 알루미늄포일로 감싼 상태로 하룻밤 정도 냉장 보관
이 가능합니다. 오븐에 구워 바로 먹을 수 있게 만들어 두면 손님이 방문했
을 때도 당황하지 않고 갓 구운 빵을 대접할 수 있답니다.

마르게리타
Marguerite

재료

불 1개 ▶ 폭 2cm의 격자무늬로 칼집을 냅니다.

모차렐라 100~150g(1~1.5개)

▶ 세로 방향으로 반을 자른 다음, 8mm 두께로 썰어요.

말린 토마토(오일 절임)(참조) 80g ▶ 2~3cm 길이로 썰어요.

말린 토마토 오일 절임에 든 오일 1큰술

바질 1줄기

소금 · 후추 적당량

말린 토마토 (오일 절임)
건조시켜 맛이 한층 진해진 토마토
를 올리브유에 절인 거예요. 이 레
시피에는 소금기가 적당히 있는 것
이 어울려요.

만드는 방법

1_ 알루미늄포일을 깔고 그 위에 불을 올린 후 칼집을 냅니다. 칼집 사이에 모차렐라와 말린 토마토를 알맞게 채우고, 말린 토마토 오일 절임에 든 오일을 그 위에 골고루 뿌립니다.

2_ 불을 바닥에 깐 알루미늄포일로 감싼 다음(모자를 경우에는 알루미늄포일 한 장을 위에 더 덮어요) 오븐팬에 올립니다. 180℃로 예열한 오븐에 15분 정도 굽고 나서 알루미늄포일을 벌려 다시 5분 정도 굽습니다. 알루미늄포일을 벗기고 불을 접시에 담은 뒤 입맛에 따라 소금과 후추를 뿌립니다.

Note

· 나폴리를 대표하는 피자인 마르게리타를 응용한 고슴도치 빵이에요. 모차렐라와 토마토, 바질의 색은 이탈리아의 국기를 표현한 것이라고 해요.

· 입맛에 따라 바질의 양을 늘려도 맛있답니다.

하프 앤드 하프도 만들 수 있다!

'하프 앤드 하프' 피자처럼 고슴도치 빵도 하나의 빵에 두 가지 맛을 넣을 수 있습니다. 방법은 간단합니다. 빵을 반으로 나눈 다음, 레시피에 나온 분량을 각각 절반씩 사용하면 됩니다. 빵 하나를 한 번 굽기만 해도 두 가지 맛을 동시에 즐길 수 있으므로 다양한 맛에 도전해 보고 싶을 때는 이 방법을 사용해 보시기 바랍니다.

타프나드와 참치
→ 26쪽

마르게리타

제노베제
Pesto génois

재료

불 1개 ▶ 폭 2cm의 격자무늬로 칼집을 냅니다.

모차렐라 100~150g(1~1.5개)

▶ 세로 방향으로 반을 자른 다음, 8mm 두께로 썰어요.

생햄 2장(20g) ▶ 먹기 좋은 크기로 찢어요.

잣 1큰술

A | 바질 페스토(참조) 1큰술

올리브유 1큰술

▶ 골고루 섞어요.

바질 페스토
여기서는 바질, 치즈, 마늘, 견과류 등이 들어간 것을 사용했습니다. 제품마다 맛이 상당히 차이 나므로 입맛에 맞는 제품을 선택하세요. 필요한 경우에는 염분 등을 조정합니다.

만드는 방법

1_ 알루미늄포일을 깔고 그 위에 불을 올린 후 칼집을 냅니다. 칼집을 벌린 다음, 스푼 등을 이용해 단면에 A를 바릅니다.

2_ 칼집 사이에 모차렐라와 생햄을 알맞게 채우고, 잣을 골고루 뿌립니다.

3_ 불을 바닥에 깐 알루미늄포일로 감싼 다음(모자를 경우에는 알루미늄포일 한 장을 위에 더 덮어요) 오븐팬에 올립니다. 180℃로 예열한 오븐에 15분 정도 구운 후, 알루미늄포일을 벌려 다시 5분 정도 구워요.

Note
• 노릇노릇하게 구우면 바질과 생햄의 풍미가 한층 살아납니다.
• 잣이 없으면 생략해도 됩니다.
• 바질 페스토를 직접 만들어서 사용해도 됩니다.

크림소스로 맛을 낸 베이컨과 양송이버섯

Bacon et champignons à la crème

재료

불 1개 ▶ 폭 2cm의 격자무늬로 칼집을 냅니다.

파르메산 치즈 50g ▶ 강판에 갈아요.

베이컨(블록) 50g ▶ 8mm 두께로 썰어요.

양송이버섯 5~6개 ▶ 8mm 두께로 썰어요.

생크림 50ml

버터 10g

다진 마늘 1쪽 분량

다진 파슬리 1큰술

소금 ¼작은술

굵게 간 흑후추 적당량

만드는 방법

1_ 프라이팬에 버터와 마늘을 넣고 약불에 올립니다. 향이 나기 시작하면 불을 중불로 올리고 베이컨을 넣은 다음 기름이 골고루 밸 때까지 볶으세요.

2_ 여기에 생크림을 넣고 끓입니다. 수분이 날아가 소스가 걸쭉해지기 시작하면 분량의 소금과 후추 그리고 갈아 놓은 파르메산 치즈 25g을 넣어 잘 섞은 후 불에서 내립니다.

3_ 알루미늄포일을 깔고 그 위에 불을 올린 후 칼집을 냅니다. 칼집을 벌린 다음, 스푼 등으로 2를 골고루 바르고 양송이버섯을 알맞게 채워 넣어요. 남은 파르메산 치즈 25g과 파슬리를 그 위에 뿌립니다.

4_ 불을 바닥에 깐 알루미늄포일로 감싼 다음(모자를 경우에는 알루미늄포일 한 장을 위에 더 덮어요) 오븐팬에 올립니다. 180℃로 예열한 오븐에 15분 정도 구운 후, 알루미늄포일을 벌려 다시 5분 정도 굽습니다.

Note

• 부드러운 크림소스에 들어간 두툼한 베이컨이 식감을 살립니다. 굵게 간 후추 향이 충분히 나게 하면 맛이 한층 살아납니다.

• 파르메산 치즈 대신 치즈 가루를 사용해도 됩니다. 단, 양은 조금 줄이는 것이 좋아요.

발사믹 소스로 맛을 낸 베이컨과 가지
Bacon et aubergines au balsamique

재료

빵 1개 ▶ 폭 2cm의 격자무늬로 칼집을 냅니다.

모차렐라 100~150g(1~1.5개)
▶ 세로 방향으로 반을 자른 다음, 8mm 두께로 썰어요.

베이컨(얇게 썬 것) 3장 ▶ 3cm 너비로 썰어요.

가지 작은 것 2개(150g) ▶ 8mm 두께로 둥글게 썬 것

올리브유 1 ½ 큰술

A  발사믹 식초 ½ 큰술
   간장 ½ 큰술
   벌꿀 1작은술
   간 양파 ¼ 개 분량(50g)
   ▶ 골고루 섞어요.

소금 · 후추 적당량

만드는 방법

1_ 프라이팬에 올리브유를 두르고 중불에 가열한 다음 가지를 볶습니다. 가지가 노릇노릇하게 익기 시작하면 A를 넣고, 한 번 끓어오르면 불에서 내립니다.

2_ 알루미늄포일을 깔고 그 위에 빵을 올린 후 칼집을 냅니다. 칼집을 벌리고 그 사이에 가지, 모차렐라, 베이컨을 알맞게 채워 넣어요.

3_ 빵을 바닥에 깐 알루미늄포일로 감싼 다음(모자를 경우에는 알루미늄포일 한 장을 위에 더 덮어요) 오븐팬에 올립니다. 180℃로 예열한 오븐에 15분 정도 구운 후, 알루미늄포일을 벌려 다시 5분 정도 구워요. 알루미늄포일을 벗기고 그릇에 옮겨 담은 후 입맛에 맞게 소금과 후추를 뿌립니다.

Note
• 발사믹 식초는 제품의 종류에 따라 산미나 당도가 차이 나므로 입맛에 맞게 양을 조절하는 것이 좋습니다.
• 가지는 너무 오래 볶지 않도록 합니다. 가지의 식감과 발사믹 식초의 풍미를 최대한 살리는 것이 좋습니다.

햄, 양배추, 안초비
Jambon-Chou-Anchois

재료

불 1개 ▶ 폭 2cm의 격자무늬로 칼집을 냅니다.

카망베르 100g ▶ 먹기 좋은 크기로 썰어요.

햄 4장 ▶ 4등분해요.

양배추 잎 1~2장(80g) ▶ 한입 크기로 썰어요.

안초비(필레) 1개 ▶ 다집니다.

다진 마늘 1쪽 분량

올리브유 1작은술

생크림 50ml

소금 · 굵게 간 흑후추 적당량

만드는 방법

1_ 프라이팬에 올리브유를 두른 다음 안초비와 마늘을 넣고 약불에 올립니다. 향이 나기 시작하면 불을 중불로 올리고 양배추를 넣은 후 숨이 죽을 때까지 볶아요.

2_ 여기에 생크림, 소금, 후추를 넣고 바짝 조린 다음(ⓐ 참조). 수분이 날아가 걸쭉해지기 시작하면 불에서 내립니다.

3_ 알루미늄포일을 깔고 그 위에 불을 올린 후 칼집을 냅니다. 칼집을 벌리고 스푼 등으로 **2**를 골고루 바른 다음 카망베르와 햄을 알맞게 채워 넣어요.

4_ 불을 바닥에 깐 알루미늄포일로 감싼 다음(모자랄 경우에는 알루미늄포일 한 장을 위에 더 덮어요) 오븐팬에 올립니다. 180℃로 예열한 오븐에 15분 정도 구운 후, 알루미늄포일을 벌려 다시 5분 정도 구워요.

Note
• 카망베르는 모차렐라나 체더에 비해 잘 녹지 않아 다른 재료가 칼집 안으로 깊숙이 들어가지 않을 수 있어요. 그렇게 되면 빵의 윗부분이 타 버릴 수 있으니 주의하시기 바랍니다.

소시지와 홀 그레인 머스터드
Saucisse~Moutarde en grains

재료

불 1개 ▶ 폭 2cm의 격자무늬로 칼집을 냅니다.

체더 100g ▶ 먹기 좋은 크기로 썰어요.

소시지 6개 ▶ 8mm 두께로 비스듬하게 썰어요.

옥수수(통조림) 2큰술

A | 홀 그레인 머스터드 1큰술

　　메이플 시럽 ½큰술

　　▶ 골고루 섞어요.

소금 · 후추 적당량

만드는 방법

1_ 알루미늄포일을 깔고 그 위에 불을 올린 후 칼집을 냅니다. 칼집을 벌리고 스푼 등으로 A를 단면에 골고루 바른 다음 체더와 소시지, 옥수수를 알맞게 채웁니다.

2_ 불을 바닥에 깐 알루미늄포일로 감싼 다음(모자를 경우에는 알루미늄포일 한 장을 위에 더 덮어요) 오븐팬에 올립니다. 180℃로 예열한 오븐에 15분 정도 구운 후, 알루미늄포일을 벌려 다시 5분 정도 구워요. 알루미늄포일을 벗기고 그릇에 옮겨 담은 후 입맛에 맞게 소금과 후추를 뿌립니다.

Note

- 홀 그레인 머스터드와 메이플 시럽으로 만드는 새콤달콤한 소스와 체더치즈의 화사한 빛깔이 식욕을 돋웁니다.
- 여러 식재료가 조화를 이루도록 소시지는 다른 향이나 맛이 가미되지 않은 것을 사용하는 것이 좋습니다.

타프나드와 참치
Tapenade-Thon

재료

불 1개 ▶ 폭 2cm의 격자무늬로 칼집을 냅니다.

크림치즈 100g ▶ 부드러워지도록 미리 실온에 꺼내 둡니다.

타프나드(우측 설명 참조) 3큰술

참치 통조림(70g) 1캔 ▶ 국물을 따라내고 부드럽게 풀어 둡니다.

쪽파 3~4줄기 ▶ 잘게 썰어요.

만드는 방법

1_ 알루미늄포일을 깔고 그 위에 불을 올린 후 칼집을 냅니다. 칼집을 벌리고 스푼 등으로 타프나드를 단면에 골고루 바른 다음 참치를 알맞게 넣고, 틈새에 크림치즈를 조금씩 채우고 쪽파를 적당히 뿌립니다.

2_ 불을 바닥에 깐 알루미늄포일로 감싼 다음(모자를 경우에는 알루미늄포일 한 장을 위에 더 덮어요) 오븐팬에 올립니다. 180℃로 예열한 오븐에 15분 정도 구운 후, 알루미늄포일을 벌려 다시 5분 정도 구워요.

Note
• 타프나드는 프랑스의 프로방스 지방에서 유래된 페이스트예요. 올리브와 안초비의 감칠맛이 참치와 치즈의 부드러운 맛과 잘 어우러집니다.
• 타프나드는 시판용 제품을 사용해도 됩니다.

타프나드

재료[만들기 쉬운 분량 • 약 ½ 컵]

검은 올리브(씨 없는 것) 20개(60g)

안초비(필레) 2개

마늘 1쪽

케이퍼 1작은술

올리브유 100ml

호두(볶은 것 · 무염) 20g

만드는 방법

푸드 프로세서에 재료를 전부 넣고 부드러워질 때까지 갈아요.

Note
• 냉장고에 3일 정도 보관할 수 있어요.
• 그릴에 구운 고기나 생선, 채소 등에 발라 먹어도 맛있어요.

치즈와 명란
Fromage à la crème-Oeufs de morue assaisonné

재료

빵 1개 ▶ 폭 2cm의 격자무늬로 칼집을 냅니다.

크림치즈 100g

▶ 부드러워지도록 미리 실온에 꺼내 둡니다.

 A | 명란젓 1덩어리(30g)

    ▶ 얇은 껍질을 벗기고 부드럽게 풀어 둡니다.

    마요네즈 2큰술

    ▶ 골고루 섞어요.

쪽파 2~3줄기 ▶ 잘게 썰어요.

만드는 방법

1_ 알루미늄포일을 깔고 그 위에 빵을 올린 후 칼집을 냅니다. 칼집을 벌리고 스푼 등으로 A를 단면에 골고루 바른 다음, 크림치즈를 조금씩 채우고 쪽파를 뿌립니다.

2_ 빵을 바닥에 깐 알루미늄포일로 감싼 다음(모자랄 경우에는 알루미늄포일 한 장을 위에 더 덮어요) 오븐팬에 올립니다. 180℃로 예열한 오븐에 15분 정도 구운 후, 알루미늄포일을 벌려 다시 5분 정도 구워요.

Note
• 일식에서 자주 볼 수 있는 치즈와 명란젓의 친숙한 조합. 맥주 안주로 안성 맞춤이랍니다.

카레의 풍미를 더한 살라미와 주키니 호박
Salami et courgette au curry

재료

빵 1개 ▶ 폭 2cm의 격자무늬로 칼집을 냅니다.

카망베르 100g ▶ 먹기 좋은 크기로 썰어요.

살라미(얇게 썬 것) 20g

주키니 호박 ⅔개(130g) ▶ 8mm 두께로 둥글게 썰어요.

올리브유 1½큰술

카레가루 1작은술

소금 ¼작은술

굵게 간 흑후추 적당량

만드는 방법

1  프라이팬에 올리브유를 둘러 중불에 달군 후, 주키니 호박을 볶아요. 호박에 기름이 골고루 배면 카레가루와 소금, 후추를 넣고 가볍게 한 번 더 볶은 다음 불에서 내립니다.

2 알루미늄포일을 깔고 그 위에 빵을 올린 후 칼집을 냅니다. 칼집을 벌리고 카망베르, 살라미, 주키니 호박을 알맞게 채운 후, **1**의 프라이팬에 남아 있던 오일을 골고루 뿌립니다.

3  빵을 바닥에 깐 알루미늄포일로 감싼 다음(모자를 경우에는 알루미늄포일 한 장을 위에 더 덮어요) 오븐팬에 올립니다. 180℃로 예열한 오븐에 15분 정도 구운 후, 알루미늄포일을 벌려 다시 5분 정도 구워요.

Note

• 카레 향이 코끝을 자극하는 빵으로, 어린이부터 어른까지 누구나 좋아할 만한 맛이에요.

• 주키니 호박 대신 파프리카나 가지를 넣어도 맛있답니다.

쇼콜라 바나느
Chocolat-banane

재료

불 1개 ▶ 폭 2cm의 격자무늬로 칼집을 냅니다.

바나나 1개 ▶ 8mm 두께로 둥글게 썰어요.

판 초콜릿 1개(50g) ▶ 2cm 크기로 쪼개요.

A | 푼 달걀 1개 분량

　　생크림 50ml

　　설탕 2큰술

　　럼주(참조) 1큰술

　　▶ 골고루 섞어요.

호두(볶은 것·무염) 20g ▶ 굵게 다져요.

럼주
사탕수수로 만든 증류주로, 달콤한
향이 납니다. 제과용 럼주와 일반
럼주 중 어느 쪽을 사용해도 상관없
어요.

만드는 방법

1_ 알루미늄포일을 깔고 그 위에 불을 올린 후 칼집을 냅니다. 칼집을 벌리고 바나나와 판 초콜릿을 알맞게 채운 후, A를 붓고( 참조) 호두를 얹습니다.

2_ 불을 바닥에 깐 알루미늄포일로 감싼 다음(모자랄 경우에는 알루미늄포일 한 장을 위에 더 덮어요) 오븐팬에 올립니다. 180℃로 예열한 오븐에 15분 정도 구운 후, 알루미늄포일을 벌려 다시 5분 정도 구워요.

Note

• 환상의 조합인 초콜릿과 바나나에 럼주를 첨가해 어른스러운 맛을 냅니다.

• 이 레시피에서는 칼집 사이에 생크림 등을 섞은 달걀 물을 붓습니다. 달걀 물을 부을 때는 흘러넘치지 않도록 소량씩, 빵 전체에 골고루 부어 잘 스며들게 하는 것이 중요합니다.

• 판 초콜릿은 스위트 초콜릿이나 비터 초콜릿 중에서 입맛에 맞는 것을 선택하면 됩니다.

사과와 럼레이즌
Pommes-Raisins au rhum

재료

불 1개 ▶ 폭 2cm의 격자무늬로 칼집을 냅니다.

사과 ⅓개(150g)

▶ 껍질째 반으로 자른 다음, 씨가 있는 가운데 부분을 도려내고
8mm 두께로 썰어요.

럼레이즌 30g

A┃ 푼 달걀 1개 분량
생크림 50ml
설탕 2큰술
럼주 1큰술
▶ 골고루 섞어요.

버터(무염) 20g ▶ 적당한 크기로 썰어요.

그래뉼러당 1큰술

만드는 방법

1_ 알루미늄포일을 깔고 그 위에 불을 올린 후 칼집을 냅니다. 칼집을 벌리고 럼레이즌 15g을 그 사이에 채운 다음 사과를 알맞게 끼우고 A를 붓습니다. 그 위에 버터를 얹고 그래뉼러당을 뿌립니다.

2_ 불을 바닥에 깐 알루미늄포일로 감싼 다음(모자를 경우에는 알루미늄포일 한 장을 위에 더 덮어요) 오븐팬에 올립니다. 180℃로 예열한 오븐에 15분 정도 구운 후, 알루미늄포일을 벌려 다시 5분 정도 구워요. 알루미늄포일을 벗기고 그릇에 옮겨 담은 후 남은 럼레이즌 15g을 올립니다.

Note

• 새콤달콤한 사과와 럼레이즌의 조합은 술과도 잘 어울립니다.

• 럼레이즌을 직접 만들어 사용해도 됩니다. 건포도를 미지근한 물에 담가 불렸다가 물기를 뺀 다음 럼주에 하룻밤 동안 재우면 럼레이즌이 완성됩니다.

트로피컬
Tropical

재료

빵 1개 ▶ 폭 2cm의 격자무늬로 칼집을 냅니다.

파인애플(통조림·둥글게 썬 것) 150g

▶ 2cm 폭으로 썰어요.

A 푼 달걀 1개 분량

　코코넛밀크(ⓐ 참조) 50ml

　설탕 2큰술

　바닐라오일(ⓑ 참조) 2~3방울

　▶ 골고루 섞어요.

코코넛 롱(ⓒ 참조) 10g

만드는 방법

1 알루미늄포일을 깔고 그 위에 빵을 올린 후 칼집을 냅니다. 칼집을 벌리고 파인애플을 알맞게 채운 다음 A를 붓고 그 위에 코코넛 롱을 뿌립니다.

2 빵을 바닥에 깐 알루미늄포일로 감싼 다음(모자를 경우에는 알루미늄포일 한 장을 위에 더 덮어요) 오븐팬에 올립니다. 180℃로 예열한 오븐에 15분 정도 구운 후, 알루미늄포일을 벌려 다시 5분 정도 구워요.

Note
• 트로피컬 칵테일인 '피냐 콜라다'에도 들어가는 파인애플과 코코넛을 이용해 이국적인 고슴도치 빵 완성! 달콤하지만 뒷맛은 산뜻하답니다.

코코넛밀크
주로 동남아시아에서 카레나 수프, 디저트 등에 많이 쓰이는 재료. 잘 저은 다음 사용합니다.

바닐라오일
바닐라 향을 첨가하는 플레이버 오일(향유). 바닐라 에센스보다 향이 오래 남아요.

코코넛 롱
코코넛 열매를 깎아 말린 후 얇게 자른 거예요. 제과용 재료로 많이 쓰입니다.

서양배 타르트 풍
Façon tarte poire

재료

불 1개 ▶ 폭 2cm의 격자무늬로 칼집을 냅니다.

서양배(통조림·반으로 자른 것) 2조각(200g) ▶ 먹기 좋은 크기로 썰어요.

아몬드 슬라이스 10g

크렘 다망드(아몬드 크림)

> 버터(무염) 50g ▶ 부드러워지도록 실온에 꺼내 둡니다.
>
> 그래뉼러당 40g
>
> 푼 달걀 1개 분량
>
> 아몬드파우더 50g
>
> 바닐라오일 2~3방울

만드는 방법

1_ 크렘 다망드를 만듭니다. 볼에 버터를 넣고 부드러워질 때까지 거품기로 젓습니다(⒜ 참조).

2_ 그래뉼러당을 첨가한 후, 흰빛이 돌 때까지 잘 저어 섞어요(ⓑ 참조).

3_ 달걀을 2~3회에 걸쳐 나누어 넣고(ⓒ 참조), 그때마다 골고루 섞어요(ⓓ 참조).

4_ 아몬드파우더를 첨가하고, 가루가 보이지 않을 때까지 섞어요(ⓔ 참조).

5_ 바닐라오일을 넣고 가볍게 섞어요(ⓕ 참조).

6_ 알루미늄포일을 깔고 그 위에 불을 올린 후 칼집을 냅니다. 칼집을 벌리고 서양배를 채운 다음, 크렘 다망드를 윗면에 넓게 바르고 아몬드 슬라이스를 뿌립니다.

7_ 불 아래에 알루미늄포일을 깐 채로 오븐팬에 올립니다. 180℃로 예열한 오븐에 15분 정도 구운 후, 빵 전체를 알루미늄포일로 감싸 다시 15분 정도 구워요.

Note

• 레시피와는 반대로, 크렘 다망드가 알루미늄포일에 묻지 않도록 먼저 알루미늄포일을 벌린 채로 굽습니다. 표면이 다 익으면 알루미늄포일을 덮고 다시 구워요.

• 서양배 대신 복숭아나 살구 통조림을 이용해 만들어도 맛있답니다.

햄과 화이트소스
Jambon-Sauce blanche

크로크 케이크
Croque-cakes

▶ 햄, 치즈, 화이트소스를 넣어 만든 핫 샌드위치인 크로크 무슈를 케이크로 만든 것입니다. 겉보습이 화려하고, 여럿이 나누어 먹기 편하다는 장점도 있어 애피타이저로 안성맞춤입니다. 게다가 갖가지 재료를 다양하게 응용할 수도 있습니다.

▶ 길이가 18cm인 파운드케이크 틀에 식빵을 채우고, 그 사이에 갖가지 재료를 넣어 굽습니다. 치즈가 들어가 짭짤한 크로크 케이크는 재료들이 녹은 치즈에 달라붙어 한데 어우러집니다.

▶ 남은 식빵 껍질을 활용하는 방법은 10쪽을 참조하시기 바랍니다.

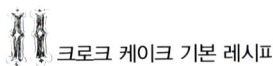

햄과 화이트소스
Jambon-Sauce blanche

식빵을 이용해 케이크 살레(Cake salé)나 파운드케이크 같은 케이크를 간단하게 만들 수 있습니다.
식빵과 속재료를 파운드케이크 틀에 차곡차곡 쌓아 오븐에 굽기만 하면 됩니다.

재료[18cm 길이의 파운드케이크 틀 1개 분량](ⓐ 참조)

식빵(한 장의 두께가 15mm인 것) 4장

▶ 껍질을 잘라내고, 반으로 길게 잘라요(ⓑ 참조).

A 푼 달걀 2개 분량
　우유 100ml
　소금 · 후추 적당량

화이트소스(41쪽 참조) 4큰술

햄 8장

피자용 치즈 80g

처빌 3줄기

굵게 간 흑후추 적당량

사전 준비

• 틀에 오븐 시트를 깝니다.
• 오븐은 200℃로 예열합니다.

틀에 대해

이 책에서는 스테인리스로 만든 18cm 길이의 파운드케이크 틀을 사용합니다. 빵을 자르는 방법이나 분량을 조절하면 이와 크기가 다른 틀로도 얼마든지 크로크 케이크를 만들 수 있습니다. 틀에 오븐 시트를 까는 방법은 다음과 같습니다.

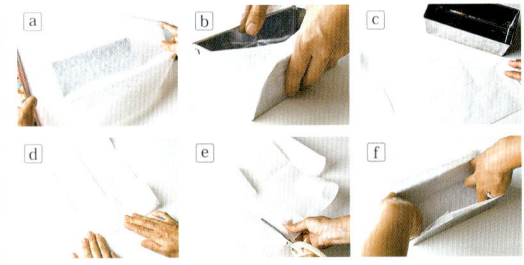

1 오븐 시트를 틀보다 크게 자릅니다(ⓐ 참조). 틀에 깔았을 때 틀 위로 2cm 정도 올라오는 것이 적당합니다.
2 오븐 시트의 중앙에 틀을 놓고, 네 모서리를 접어 자국을 냅니다(ⓑⓒ 참조).
3 접은 자국을 다시 한 번 접어 뚜렷한 자국을 남깁니다(ⓓ 참조).
4 사진에 나온 것처럼 칼집을 냅니다(ⓔ 참조).
5 팔랑거리는 부분이 밖을 향하도록 오븐 시트를 깝니다(ⓕ 참조).

만드는 방법

1 스테인리스 쟁반에 A를 부어 섞은 다음(ⓒ 참조), 식빵을 담가 적십니다(ⓓ 참조). 곧바로 뒤집은 후, 그대로 15분 정도 둡니다(ⓔ 참조).
• 식빵을 액체에 적셔 부드럽게 만들어 파운드케이크 틀에 촘촘하게 깔 수 있도록 합니다. 빵에 맛이 배어들게 하려는 목적도 있습니다.

2 틀을 가로 방향으로 길게 놓습니다. 식빵 세 조각을 그 안에 세로 방향으로 길게 밀어 넣듯이 깐 다음(ⓕ 참조), 실리콘 주걱 등을 이용해 평평하게 고릅니다(ⓖ 참조).
• 빵을 밀어 넣을 때 다소 무리하게 힘을 가해도 괜찮으니 빈틈이 생기지 않도록 해주세요.

3 빵 위에 화이트소스 2큰술을 올려 넓게 편 다음(ⓗ 참조), 처빌 1줄기를 손으로 찢어 올리고 후추를 뿌립니다(ⓘ 참조). 햄 4장을 틀에 맞추어 접어 올리고(ⓙ 참조), 그 위에 피자용 치즈 20g을 뿌립니다(ⓚ 참조).
• 소스와 같은 페이스트 상태의 재료가 케이크의 기본적인 맛을 결정합니다. 특히 화이트소스와 토마토소스가 많이 쓰입니다. 만드는 방법은 41쪽을 참조하시기 바랍니다.

4 2~3을 다시 한 번 반복합니다(ⓛ 참조).
• 동일한 재료를 같은 방법으로 한 번 더 쌓습니다.

5 식빵 두 조각을 가로 방향으로 길게 올리고(ⓜ 참조), 남은 피자용 치즈를 뿌린 다음 그 위에 남은 처빌을 뿌립니다(ⓝ 참조).
• 마지막에 올리는 식빵만 개수와 방향이 다르므로 주의하세요.

6 틀을 오븐팬에 올리고 200℃로 예열한 오븐에 30분 정도 굽습니다.
• 굽는 도중에 윗부분이 탈 것 같을 때는 알루미늄포일을 덮으세요.

7 틀에 담긴 케이크를 그대로 식힘망 위에 올려 부풀어 오른 케이크가 어느 정도 가라앉을 때까지 10분 정도 둔 다음(ⓞ 참조), 틀에서 꺼내어 한 김 식힙니다.
• 구운 케이크는 부드러워서 부서지기 쉬우므로 형태가 안정될 때까지 기다린 후에 자르시기 바랍니다.

Note
• 치즈와 화이트소스의 부드러운 맛에 처빌의 산뜻한 향이 더해졌습니다.
• 구운 다음 한 김 식혀 케이크가 잘 잘릴 때쯤이 제일 맛있어요. 식은 케이크는 다시 덥혀서 먹는 것이 좋습니다.

{ 주키니 호박과 파프리카를 넣은 라타투이 스타일 }
Façon ratatouille

재료[18cm 길이의 파운드케이크 틀 1개 분량]

식빵(한 장의 두께가 15mm인 것) 4장

▶ 껍질을 잘라내고, 반으로 길게 잘라요.

A│ 푼 달걀 2개 분량

　우유 100ml

　소금·후추 적당량

양파 ½개(100g) ▶ 얇게 썰어요.

파프리카(노란색) ½개(70g) ▶ 5mm 두께로 채 썰어요.

주키니 호박 ⅔개(100g) ▶ 5mm 두께로 둥글게 썰어요.

베이컨(얇게 썬 것) 2장 ▶ 3cm 폭으로 썰어요.

토마토소스(하단 참조) 6큰술

피자용 치즈 80g

올리브유 2작은술

소금·후추 적당량

사전 준비

· 틀에 오븐 시트를 깝니다.

· 오븐은 200℃로 예열합니다.

Note

· 가지나 셀러리, 버섯 등 다른 재료를 넣어도 맛있어요.

· 채소에 물기가 많이 생기지 않도록 빠르게 볶으세요.

만드는 방법

1_ 스테인리스 쟁반에 A를 부어 섞은 다음, 식빵을 담가 적십니다. 곧바로 뒤집은 후, 그대로 15분 정도 둡니다.

2_ 프라이팬에 올리브유 1작은술을 두르고 중불에 달군 후 양파를 볶습니다. 양파의 숨이 죽으면 파프리카를 넣고 다시 볶은 다음 소금과 후추를 뿌려 스테인리스 쟁반 등에 건져 놓습니다.

3_ 2의 프라이팬에 올리브유 1작은술을 두르고 중불에 달군 다음 주키니 호박을 볶습니다. 소금을 뿌려 호박의 양쪽 면을 노릇노릇하게 굽고, 베이컨을 넣어 다시 한 번 가볍게 볶은 다음 불에서 내립니다.

4_ 틀을 가로 방향으로 길게 놓고, 식빵 세 조각을 그 안에 세로 방향으로 길게 밀어 넣듯이 깐 다음, 실리콘 주걱 등을 이용해 평평하게 고릅니다.

5_ 빵 위에 토마토소스 3큰술을 올려 넓게 편 다음, 2의 절반과 3의 절반을 순서대로 올리고 그 위에 피자용 치즈 20g을 뿌립니다.

6_ 4~5를 다시 한 번 반복합니다.

7_ 식빵 두 조각을 가로 방향으로 길게 올리고, 남은 피자용 치즈를 뿌립니다.

8_ 틀을 오븐팬에 올리고 200℃로 예열한 오븐에 30분 정도 구워요.

9_ 틀에 담긴 케이크를 그대로 식힘망 위에 올려 부풀어 오른 케이크가 어느 정도 가라앉을 때까지 10분 정도 둡니다. 그런 다음 틀에서 꺼내어 한 김 식힙니다.

{ 토마토소스 }

재료[만들기 쉬운 분량·약 300ml]

홀 토마토(통조림) 1캔(400g)

마늘 1쪽 ▶ 으깹니다.

홍고추 1개 ▶ 씨를 뺍니다.

올리브유 1큰술

말린 바질 1작은술

설탕 1작은술

소금 1작은술

만드는 방법

1_ 프라이팬에 마늘, 홍고추, 올리브유를 넣고 조금 약한 중불에 볶습니다. 향이 나기 시작하면 불을 끕니다.

2_ 한 김 식으면 홀 토마토를 으깨어 넣고, 여기에 말린 바질도 함께 넣어 나무 주걱으로 저어가며 중불에서 끓입니다. 나무 주걱으로 저었을 때 프라이팬 바닥이 보일 정도가 될 때까지 바짝 끓인 다음(ⓐ 참조), 설탕과 소금을 넣고 가볍게 섞으세요.

Note

· 냉장실에는 4일 정도, 냉동실에는 2주 정도 보관이 가능해요.

{ 화이트소스 }

재료[만들기 쉬운 분량·약 180g]

버터(가염) 20g

박력분 2큰술

우유(차가운 것) 200ml

소금 ½작은술

후추 적당량

육두구(생략 가능) 적당량

만드는 방법

1_ 프라이팬에 버터를 넣어 중불에 올린 후, 버터가 녹으면 박력분을 첨가해 나무 주걱으로 저어가며 볶습니다.

2_ 걸쭉해지기 시작하면 불에서 내리고, 우유를 부어 부드러워질 때까지 섞어요.

3_ 다시 중불에 올려 끓입니다. 나무 주걱으로 저었을 때 프라이팬 바닥이 보일 정도로 걸쭉해지면(ⓐ 참조), 소금, 후추, 육두구를 넣고 가볍게 섞으세요.

Note

· 냉장실에는 하루 정도, 냉동실에는 2주 정도 보관이 가능해요.

재료[18cm 길이의 파운드케이크 틀 1개 분량]

식빵(한 장의 두께가 15mm인 것) 4장

▶ 껍질을 잘라내고, 반으로 길게 자릅니다.

A│ 푼 달걀 2개 분량
　│ 우유 100ml
　│ 소금·후추 적당량

양파 ¼개(50g) ▶ 잘게 썰어요.

다진 고기(소고기+돼지고기) 100g

아스파라거스(가는 것) 8개 ▶ 1분 정도 소금물에 데친 다음, 2개는 5mm 폭으로 동글게 썰어 장식용으로 사용합니다.

영콘 10개 ▶ 2개는 5mm 폭으로 동글게 썰어 장식용으로 사용합니다.

토마토소스 6큰술

피자용 치즈 80g

올리브유 ½큰술

소금 ¼작은술

후추 적당량

사전 준비

• 틀에 오븐 시트를 깝니다.
• 오븐은 200℃로 예열합니다.

Note
• 케이크를 자르면 채소와 미트소스가 겹쳐진 아름다운 단면이 나타납니다. 적당히 아삭한 채소의 식감과 미트소스의 진한 맛이 어우러져 만족감을 더합니다.

만드는 방법

1_ 스테인리스 쟁반에 A를 부어 섞은 다음, 식빵을 담가 적십니다. 곧바로 뒤집은 후, 그대로 15분 정도 둡니다.

2_ 프라이팬에 올리브유를 둘러 중불에 달군 후 양파를 볶아요. 양파의 숨이 죽으면 다진 고기를 넣고 다시 볶은 다음 소금과 후추를 뿌리고 불에서 내립니다.

3_ 틀을 가로 방향으로 길게 놓고, 식빵 세 조각을 그 안에 세로 방향으로 길게 밀어 넣듯이 깐 다음, 실리콘 주걱 등을 이용해 평평하게 고릅니다.

4_ 빵 위에 토마토소스 3큰술과 2의 절반 분량을 순서대로 올려 넓게 펴고, 아스파라거스를 썰지 않고 통째로 가로 방향으로 길게 올린 다음 그 위에 피자용 치즈 20g을 뿌립니다.

5_ 3을 다시 한 번 반복한 후 남은 토마토소스와 2를 순서대로 올려 넓게 펴고, 썰지 않은 영콘을 가지런히 올립니다. 그 위에 피자용 치즈 20g을 뿌립니다.

6_ 식빵 두 조각을 가로 방향으로 길게 올리고, 남은 피자용 치즈를 뿌린 다음, 장식용 아스파라거스와 영콘을 올립니다.

7_ 틀을 오븐팬에 올리고 200℃로 예열한 오븐에 30분 정도 구워요.

8_ 틀에 담긴 케이크를 그대로 식힘망 위에 올려 부풀어 오른 케이크가 어느 정도 가라앉을 때까지 10분 정도 둡니다. 그런 다음 틀에서 꺼내어 한 김 식힙니다.

아스파라거스와 영콘
Asperges et jeunes épis de maïs

{ 카로트 라페 }
Carottes râpées

재료[18cm 길이의 파운드케이크 틀 1개 분량]

식빵(한 장의 두께가 15mm인 것) 4장

▶ 껍질을 잘라내고, 반으로 길게 자릅니다.

A │ 푼 달걀 2개 분량
   우유 100ml
   소금 · 후추 적당량

당근 ⅔개(100g) ▶ 채 썰어요.

소금 ⅓작은술

화이트와인 비네거 1작은술

타임 잎 5~6줄기 분량

B │ 참치 통조림(70g) 2캔 ▶ 물기를 뺍니다.
   미요네즈 1½큰술
   홀 그레인 머스터드 1큰술
   ▶ 골고루 섞어요.

피자용 치즈 80g

타임(장식용) 3~4줄기

사전 준비

• 틀에 오븐 시트를 깝니다.

• 오븐은 200℃로 예열합니다.

만드는 방법

1_ 스테인리스 쟁반에 A를 부어 섞은 다음, 식빵을 담가 적십니다. 곧바로 뒤집은 후, 그대로 15분 정도 둡니다.

2_ 카로트 라페를 만듭니다. 볼에 당근과 소금을 넣고 버무린 다음 5분 정도 그대로 둡니다. 당근의 숨이 죽으면 화이트와인 비네거와 타임 잎을 넣고 잘 섞어 다시 10분 정도 둡니다.

3_ 틀을 가로 방향으로 길게 놓고, 식빵 세 조각을 그 안에 세로 방향으로 길게 밀어 넣듯이 깐 다음, 실리콘 주걱 등을 이용해 평평하게 고릅니다.

4_ B의 절반, 2의 절반 분량을 순서대로 올려 넓게 편 다음 그 위에 피자용 치즈 20g을 뿌립니다.

5_ 3~4를 다시 한 번 반복합니다

6_ 식빵 두 조각을 가로 방향으로 길게 올리고 남은 피자용 치즈를 뿌린 다음, 장식용 타임을 얹어요.

7_ 틀을 오븐팬에 올리고 200℃로 예열한 오븐에 30분 정도 구워요.

8_ 틀에 담긴 케이크를 그대로 식힘망 위에 올려 부풀어 오른 케이크가 어느 정도 가라앉을 때까지 10분 정도 둡니다. 그런 다음 틀에서 꺼내어 한 김 식힙니다.

Note
• 카로트 라페의 아삭아삭한 식감에 타임의 향과 홀 그레인 머스터드의 풍미가 어우러져 전체적인 맛을 잡아 줍니다.

카레 향을 첨가한 닭고기
Poulet au curry

재료 [18cm 길이의 파운드케이크 틀 1개 분량]

식빵(한 장의 두께가 15mm인 것) 4장

▶ 껍질을 잘라내고, 반으로 길게 자릅니다.

A | 푼 달걀 2개 분량
    우유 100ml
    카레가루 1작은술
    소금 · 후추 적당량

B | 닭다리 살 큰 것 1개(300g)
    ▶ 두꺼운 부분을 얇게 저며서 한입 크기로 썰어요.
    카레가루 1작은술
    소금 ½작은술
    후추 적당량
    ▶ 닭고기를 제외한 다른 재료를 한데 섞어 닭고기에 발라 주물러 줍니다.

브로콜리 8~10송이 ▶ 2분 정도 소금물에 데칩니다.

파르메산 치즈 40g ▶ 갈아요.

올리브유 1작은술

사전 준비

• 틀에 오븐 시트를 깝니다.
• 오븐은 200℃로 예열합니다.

만드는 방법

1 스테인리스 쟁반에 A를 부어 섞은 다음, 식빵을 담가 적십니다. 곧바로 뒤집은 후, 그대로 15분 정도 둡니다.

2 프라이팬에 올리브유를 둘러 중불에 달군 후 B의 닭고기를 껍질 부분이 아래로 가게 해서 구워요. 고기가 익으면 반대편으로 뒤집어 다시 1분 정도 구운 뒤 뚜껑을 덮고 약불에서 3~4분 정도 굽습니다.

3 틀을 가로 방향으로 길게 놓고, 식빵 세 조각을 그 안에 세로 방향으로 길게 밀어 넣듯이 깐 다음, 실리콘 주걱 등을 이용해 평평하게 고릅니다.

4 2와 브로콜리를 절반씩 순서대로 올려 넓게 편 다음 그 위에 파르메산 치즈 10g을 뿌립니다.

5 3~4를 다시 한 번 반복합니다.

6 식빵 두 조각을 가로 방향으로 길게 올리고 남은 파르메산 치즈를 뿌립니다.

7 틀을 오븐팬에 올리고 200℃로 예열한 오븐에 30분 정도 구워요.

8 틀에 담긴 케이크를 그대로 식힘망 위에 올려 부풀어 오른 케이크가 어느 정도 가라앉을 때까지 10분 정도 둡니다. 그런 다음 틀에서 꺼내어 한 김 식힙니다.

Note

• 닭고기와 브로콜리를 큼직하게 썰어 넣어 씹는 맛이 있답니다.
• 닭고기는 고르게 익도록 비슷한 크기로 자릅니다. 두꺼운 부분은 칼로 얇게 저민 후 한입 크기로 썰어요.

유자 후추(유즈코쇼)로 향을 더한 참치와 오크라

Thon et gombo au yuzu-kosho

재료[18cm 길이의 파운드케이크 틀 1개 분량]

식빵(한 장의 두께가 15mm인 것) 4장

▶ 껍질을 잘라내고, 반으로 길게 자릅니다.

A┃ 푼 달걀 2개 분량
　　우유 100ml
　　유자 후추 ½작은술

화이트소스 4큰술

참치 통조림(70g) 2캔 ▶ 국물을 따라내고 부드럽게 풀어 두세요.

오크라 20개 ▶ 소금물에 1분 정도 데쳐요.

피자용 치즈 80g

사전 준비

• 틀에 오븐 시트를 깝니다.
• 오븐은 200℃로 예열합니다.

Note

• 케이크를 잘랐을 때의 단면을 고려해 오크라를 가지런히 올립니다.
• 레시피대로 만들면 매운맛이 그리 강하지 않아요. 매콤한 맛을 좋아한다면
　유자 후추의 양을 좀 더 늘리면 됩니다.

만드는 방법

1　스테인리스 쟁반에 A를 부어 섞은 다음, 식빵을 담가 적십니다. 곧바로 뒤집은 후, 그대로 15분 정도 둡니다.

2　틀을 가로 방향으로 길게 놓고, 식빵 세 조각을 그 안에 세로 방향으로 길게 밀어 넣듯이 깐 다음, 실리콘 주걱 등을 이용해 평평하게 고릅니다.

3　참치 절반 분량과 화이트소스 2큰술을 순서대로 올려 넓게 폅니다. 그 위에 오크라 10개를 절반에 각각 5개씩 가지런히 놓은 다음 피자용 치즈 20g을 뿌립니다.

4　2~3을 다시 한 번 반복합니다.

5　식빵 두 조각을 가로 방향으로 길게 올리고 남은 피자용 치즈를 뿌립니다.

6　틀을 오븐팬에 올리고 200℃로 예열한 오븐에 30분 정도 구워요.

7　틀에 담긴 케이크를 그대로 식힘망 위에 올려 부풀어 오른 케이크가 어느 정도 가라앉을 때까지 10분 정도 둡니다. 그런 다음 틀에서 꺼내어 한 김 식힙니다.

하프 앤드 하프
무화과와 생햄 / 사과와 카망베르
Figue-Jambon cru/Pomme-Camembert

재료[18cm 길이의 파운드케이크 틀 1개 분량]

식빵(한 장의 두께가 15mm인 것) 4장
▶ 껍질을 잘라내고, 반으로 길게 자릅니다.

A│ 푼 달걀 2개 분량
  │ 우유 100ml
  │ 소금 · 후추 적당량

◆ 무화과와 생햄

말린 무화과 6개(130g)
▶ 딱딱할 경우 미지근한 물에 불려 부드러워지게 합니다.

생햄 6장(60g)

고르곤졸라 50g ▶ 적당한 크기로 썰어요.

◆ 사과와 카망베르

사과 ¼개(75g)
▶ 껍질을 벗기지 않고 3mm 두께로 썰어요.

루콜라 5줄기(10g) ▶ 5cm 길이로 큼직하게 썰어요.

호두(볶은 것 · 무염) 20g ▶ 굵게 다져요.

카망베르 70g ▶ 적당한 크기로 썰어요.

벌꿀 1큰술

소금 · 후추 적당량

사전 준비

• 틀에 오븐 시트를 깝니다.
• 오븐은 200℃로 예열합니다.

만드는 방법

1_ 스테인리스 쟁반에 A를 부어 섞은 다음, 식빵을 담가 적십니다. 곧바로 뒤집은 후, 그대로 15분 정도 둡니다.

2_ 틀을 가로 방향으로 길게 놓습니다. 식빵 세 조각을 그 안에 세로 방향으로 길게 밀어 넣듯이 깐 다음, 실리콘 주걱 등을 이용해 평평하게 고릅니다.

3_ 빵의 절반에 말린 무화과 3개를 가지런히 놓고 생햄 3장을 접어 올린 다음 고르곤졸라 20g을 얹습니다. 나머지 반쪽에는 루콜라와 사과를 절반씩 순서대로 올리고, 호두 10g을 뿌립니다. 그다음 벌꿀 ½큰술과 소금, 후추를 뿌리고 카망베르 30g을 얹습니다.

4_ 2~3을 다시 한 번 반복합니다.

5_ 식빵 두 조각을 가로 방향으로 길게 올리고 반쪽에는 남은 고르곤졸라를, 다른 반쪽에는 남은 카망베르를 각각 얹습니다.

6_ 틀을 오븐팬에 올리고 200℃로 예열한 오븐에 30분 정도 구워요.

7_ 틀에 담긴 케이크를 그대로 식힘망 위에 올려 부풀어 오른 케이크가 어느 정도 가라앉을 때까지 10분 정도 둡니다. 그런 다음 틀에서 꺼내어 한 김 식힙니다.

Note

• 케이크의 양끝을 자르면 서로 맛이 다른 두 종류의 케이크가 나타납니다! 테이블에서 바로 잘라 나누어 먹을 수 있으므로 분위기를 띄우기에 좋아요.
• 무화과와 고르곤졸라의 진한 맛, 그리고 사과와 루콜라의 신선한 맛을 동시에 즐길 수 있어요.

하프 앤드 하프도 만들 수 있어요

'고슴도치 빵'과 마찬가지로 크로크 케이크도 '하프 앤드 하프'를 만들 수 있습니다. 다양한 맛을 즐기고 싶거나, 말린 무화과나 고르곤졸라처럼 비싼 식재료를 사용할 때는 '하프 앤드 하프'로 만드는 것이 좋습니다.

말린 무화과와 생햄   사과와 카망베르

연어와 아보카도
Saumon fumé-Avocat

재료[18cm 길이의 파운드케이크 틀 1개 분량]

식빵(한 장의 두께가 15mm인 것) 4장

▶ 껍질을 잘라내고, 반으로 길게 자릅니다.

A│ 푼 달걀 2개 분량
　│ 우유 100ml
　│ 소금 · 후추 적당량

훈제 연어 80g

아보카도(큰 것) 1개(과육 160g) ▶ 8mm 두께의 반달 모양으로 썰어요.

딜 6~8줄기

코티지치즈 200g

소금 · 후추 적당량

사전 준비

· 틀에 오븐 시트를 깝니다.
· 오븐은 200℃로 예열합니다.

만드는 방법

1_ 스테인리스 쟁반에 A를 부어 섞은 다음, 식빵을 담가 적십니다. 곧바로 뒤집은 후, 그대로 15분 정도 둡니다.

2_ 틀을 가로 방향으로 길게 놓고, 식빵 세 조각을 그 안에 세로 방향으로 길게 밀어 넣듯이 깐 다음, 실리콘 주걱 등을 이용해 평평하게 고릅니다.

3_ 아보카도 과육 80g을 빵 위에 가지런히 놓고 소금과 후추를 뿌립니다. 그 위에 훈제 연어 40g을 넓게 얹은 다음 코티지치즈 60g을 골고루 올리고 딜 2~3줄기를 얹어요.

4_ 2~3을 다시 한 번 반복합니다.

5_ 식빵 두 조각을 가로 방향으로 길게 올리고 남은 코티지치즈를 골고루 뿌린 다음 남은 딜을 얹습니다.

6_ 틀을 오븐팬에 올리고 200℃로 예열한 오븐에 30분 정도 구워요.

7_ 틀에 담긴 케이크를 그대로 식힘망 위에 올려 부풀어 오른 케이크가 어느 정도 가라앉을 때까지 10분 정도 둡니다. 그런 다음 틀에서 꺼내어 한 김 식힙니다.

Note

· 산뜻한 코티지치즈를 넣어 만든 건강한 크로크 케이크.
· 훈제 연어는 제품에 따라 염도가 차이 나므로 입맛에 맞게 소금의 양을 조절합니다.

사천식 가지 — 52쪽

가파오 퐁 → 53쪽

사천식 가지
Aubergines façon Sichuan

재료[18cm 길이의 파운드케이크 틀 1개 분량]

식빵(한 장의 두께가 15mm인 것) 4장

▶ 껍질을 잘라내고, 반으로 길게 자릅니다.

A| 푼 달걀 2개 분량

　우유 100ml

　소금 · 후추 적당량

다진 돼지고기 100g

가지 작은 것 4개(300g) ▶ 세로 방향으로 8mm 두께로 썰어요.

대파 ⅓줄기(50g) ▶ 잘게 썰어요.

다진 마늘 1쪽 분량

다진 생강 1쪽 분량

B| 두반장 1작은술

　더우츠(豆豉, 중국식 검은콩 소스) 1작은술 ▶ 잘게 다져요.

　참기름 1작은술

　▶ 골고루 섞어요.

C| 물 100ml

　청주 1큰술

　일본식 된장 1작은술

　간장 ½작은술

　설탕 ½작은술

　▶ 골고루 섞어요.

D| 얼레짓가루 1작은술

　물 1작은술

　▶ 골고루 섞어요.

피자용 치즈 40g

참기름 1큰술

화자오(花椒, 중국 산초) 가루 적당량

소금 적당량

사전 준비

• 틀에 오븐 시트를 깝니다.

• 오븐은 200℃로 예열합니다.

만드는 방법

1_ 스테인리스 쟁반에 A를 부어 섞은 다음, 식빵을 담가 적십니다. 곧바로 뒤집은 후, 그대로 15분 정도 둡니다.

2_ 프라이팬에 참기름을 둘러 중불에 달군 후, 가지를 볶아요. 소금을 뿌리고 양면을 노릇노릇하게 구운 다음 스테인리스 쟁반 등에 건져 놓습니다.

3_ 2의 프라이팬에 대파, 마늘, 생강, B를 넣고 중불에 볶다가 향이 나기 시작하면 다진 돼지고기를 넣고 다시 볶아요. 고기의 색이 변하기 시작하면 C를 넣습니다.

4_ 끓기 시작하면 D를 빙 둘러 넣어 걸쭉하게 농도를 맞추고, 화자오 가루를 적당히 뿌린 다음 불에서 내립니다.

5_ 틀을 가로 방향으로 길게 놓고, 식빵 세 조각을 그 안에 세로 방향으로 길게 밀어 넣듯이 깐 다음, 실리콘 주걱 등을 이용해 평평하게 고릅니다.

6_ 4의 절반 분량을 빵 위에 얹어 넓게 편 다음, 가지 절반 분량을 가지런히 올립니다.

7_ 5~6을 다시 한 번 반복합니다.

8_ 식빵 두 조각을 가로 방향으로 길게 올리고 피자용 치즈를 얹은 다음 화자오 가루를 적당히 뿌립니다.

9_ 틀을 오븐팬에 올리고 200℃로 예열한 오븐에 30분 정도 구워요.

10_ 틀에 담긴 케이크를 그대로 식힘망 위에 올려 부풀어 오른 케이크가 어느 정도 가라앉을 때까지 10분 정도 둡니다. 그런 다음 틀에서 꺼내어 한 김 식힙니다.

Note

• 마파가지볶음을 응용한 것으로, 치즈와 향신료가 어우러져 조화로운 맛을 냅니다.

• 두반장과 화자오 가루는 입맛에 맞춰 양을 조절합니다.

• 얼레짓가루로 걸쭉하게 농도를 맞추므로 식빵 사이에 치즈를 넣을 필요가 없답니다.

가파오 풍
Façon gapao

재료[18cm 길이의 파운드케이크 틀 1개 분량]

식빵(한 장의 두께가 15mm인 것) 4장

▶ 껍질을 잘라내고, 반으로 길게 자릅니다.

A| 푼 달걀 2개 분량

　우유 100ml

　소금 · 후추 적당량

다진 닭고기 100g

양파 ¼개(50g) ▶ 잘게 썰어요.

파프리카(노란색) ½개(80g) ▶ 1.5cm 크기로 깍둑썰기해요.

바질 3~4줄기

다진 마늘 1쪽 분량

홍고추 1개 ▶ 잘게 썰어요.

B| 청주 1큰술

　남플라(Nam Pla, 태국의 대표적인 생선 소스) 1작은술

　굴소스 1작은술

　▶ 골고루 섞어요.

피자용 치즈 80g

샐러드유 1작은술

사전 준비

· 틀에 오븐 시트를 깝니다.

· 오븐은 200℃로 예열합니다.

만드는 방법

1　스테인리스 쟁반에 A를 부어 섞은 다음, 식빵을 담가 적십니다. 곧바로 뒤집은 후, 그대로 15분 정도 둡니다.

2　프라이팬에 샐러드유를 두르고 마늘과 홍고추를 중불에 볶아요. 향이 나기 시작하면 다진 닭고기와 양파, 파프리카를 넣고 볶다가 고기의 색이 변하기 시작하면 B를 넣습니다.

3　틀을 가로 방향으로 길게 놓고, 식빵 세 조각을 그 안에 세로 방향으로 길게 밀어 넣듯이 깐 다음, 실리콘 주걱 등을 이용해 평평하게 고릅니다.

4　2의 절반 분량을 빵 위에 얹어 넓게 편 다음, 피자용 치즈 20g을 뿌립니다.

5　3~4를 다시 한 번 반복합니다.

6　식빵 두 조각을 가로 방향으로 길게 올리고, 남은 피자용 치즈를 얹습니다.

7　틀을 오븐팬에 올리고 200℃로 예열한 오븐에 30분 정도 구워요.

8　틀에 담긴 케이크를 그대로 식힘망 위에 올려 부풀어 오른 케이크가 어느 정도 가라앉을 때까지 10분 정도 둡니다. 그런 다음 틀에서 꺼내어 한 김 식힙니다.

Note

· 태국 요리인 가파오 라이스를 케이크에 응용했어요. 치즈가 들어가 부드러운 맛을 낸답니다.

세 가지 버섯을 넣은 아라비아타 → 56쪽

시금치와 삶은 달걀 → 57쪽

 # 세 가지 버섯을 넣은 아라비아타
Croque-cake all'arrabbiata aux 3 champignons

재료[18cm 길이의 파운드케이크 틀 1개 분량]

식빵(한 장의 두께가 15mm인 것) 4장

▶ 껍질을 잘라내고, 반으로 길게 자릅니다.

A| 푼 달걀 2개 분량

우유 100ml

소금 · 후추 적당량

갈색 양송이버섯 100g ▶ 7mm 두께로 썰어요.

만가닥버섯 100g ▶ 작은 송이로 나눠요.

새송이버섯 100g ▶ 절반 길이로 자른 다음 7mm 두께로 썰어요.

다진 마늘 1쪽 분량

홍고추 1개 ▶ 잘게 썰어요.

올리브유 1큰술

토마토소스(41쪽 참조) 6큰술

피자용 치즈 80g

소금 · 후추 적당량

사전 준비

• 틀에 오븐 시트를 깝니다.

• 오븐은 200℃로 예열합니다.

만드는 방법

1_ 스테인리스 쟁반에 A를 부어 섞은 다음, 식빵을 담가 적십니다. 곧바로 뒤집은 후, 그대로 15분 정도 둡니다.

2_ 프라이팬에 올리브유를 두르고 마늘과 홍고추를 약불에 볶아요. 향이 나기 시작하면 양송이버섯, 만가닥버섯, 새송이버섯을 넣고 볶습니다. 소금과 후추를 뿌리고 계속 볶다가 버섯의 숨이 죽고 물기가 날아가면 불에서 내립니다.

3_ 틀을 가로 방향으로 길게 놓고, 식빵 세 조각을 그 안에 세로 방향으로 길게 밀어 넣듯이 깐 다음, 실리콘 주걱 등을 이용해 평평하게 고릅니다.

4_ 토마토소스 3큰술을 부어 넓게 펴 바른 다음, 2의 절반을 올리고 피자용 치즈 20g을 뿌립니다.

5_ 3~4를 다시 한 번 반복합니다.

6_ 식빵 두 조각을 가로 방향으로 길게 올리고, 남은 피자용 치즈를 얹습니다.

7_ 틀을 오븐팬에 올리고 200℃로 예열한 오븐에 30분 정도 구워요.

8_ 틀에 담긴 케이크를 그대로 식힘망 위에 올려 부풀어 오른 케이크가 어느 정도 가라앉을 때까지 10분 정도 둡니다. 그런 다음 틀에서 꺼내어 한 김 식힙니다.

Note
• 듬뿍 넣은 버섯의 향이 입 안 가득 퍼지는 케이크.
• 입맛에 맞게 고추의 양을 줄이거나 늘려서 매운맛을 조절합니다.

시금치와 삶은 달걀
Épinard-Oeuf dur

재료[18cm 길이의 파운드케이크 틀 1개 분량]

식빵(한 장의 두께가 15mm인 것) 4장

▶ 껍질을 잘라내고, 반으로 길게 자릅니다.

A| 푼 달걀 2개 분량

  우유 100ml

  소금 · 후추 적당량

시금치 ¼단(100g) ▶ 5cm 길이로 잘라요.

버터(가염) 10g

소금 · 후추 적당량

삶은 달걀 3개 ▶ 큼직하게 썰어요.

B| 화이트소스(41쪽 참조) 4큰술

  홀 그레인 머스터드 1큰술

  ▶ 골고루 섞어요.

피자용 치즈 80g

사전 준비

• 틀에 오븐 시트를 깝니다.

• 오븐은 200℃로 예열합니다.

만드는 방법

1_ 스테인리스 쟁반에 A를 부어 섞은 다음, 식빵을 담가 적십니다. 곧바로 뒤집은 후, 그대로 15분 정도 둡니다.

2_ 프라이팬에 버터를 넣고 중불에 올린 후, 버터가 녹으면 시금치를 볶아요. 여기에 소금과 후추를 뿌리고 불에서 내립니다.

3_ 틀을 가로 방향으로 길게 놓고, 식빵 세 조각을 그 안에 세로 방향으로 길게 밀어 넣듯이 깐 다음, 실리콘 주걱 등을 이용해 평평하게 고릅니다.

4_ 2의 절반과 큼직하게 썬 삶은 달걀 절반 분량을 순서대로 올리고 B의 절반을 넓게 펴 바른 다음 피자용 치즈 20g을 뿌립니다.

5_ 3~4를 다시 한 번 반복합니다.

6_ 식빵 두 조각을 가로 방향으로 길게 올리고, 남은 피자용 치즈를 얹어요.

7_ 틀을 오븐팬에 올리고 200℃로 예열한 오븐에 30분 정도 구워요.

8_ 틀에 담긴 케이크를 그대로 식힘망 위에 올려 부풀어 오른 케이크가 어느 정도 가라앉을 때까지 10분 정도 둡니다. 그런 다음 틀에서 꺼내어 한 김 식힙니다.

Note

• 부활절에 어울리는 케이크. 달걀은 새로운 생명을 상징한다고 알려져 있어요.

• 삶은 달걀의 선명한 노란색과 흰색이 잘 드러나도록 달걀을 큼직하게 자릅니다.

홍차 향을 넣은 복숭아와 딸기 → 60쪽

단호박 → 61쪽

홍차 향을 넣은 복숭아와 딸기
Pêches et fraises au thé

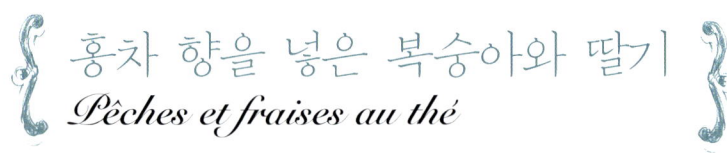

재료[18cm 길이의 파운드케이크 틀 1개 분량]

식빵(한 장의 두께가 15mm인 것) 4장

▶ 껍질을 잘라내고, 반으로 길게 자릅니다.

A │ 달걀 2개
　　생크림 100ml
　　설탕 2큰술
　　홍차(티백) 잎 ⅔작은술

백도(통조림 · 반으로 자른 것) 5조각(300g)

▶ 1.5cm 두께의 반달 모양으로 썰어요.

딸기잼 3큰술

사전 준비

· 틀에 오븐 시트를 깝니다.
· 오븐은 200℃로 예열합니다.

만드는 방법

1_ 스테인리스 쟁반에 A를 부어 섞은 다음, 식빵을 담가 적십니다. 곧바로 뒤집은 후, 그대로 15분 정도 둡니다.

2_ 틀을 가로 방향으로 길게 놓고, 식빵 세 조각을 그 안에 세로 방향으로 길게 밀어 넣듯이 깐 다음, 실리콘 주걱 등을 이용해 평평하게 고릅니다.

3_ 백도의 절반 분량을 가지런히 올리고, 딸기잼 1½큰술을 넓게 펴 바릅니다.

4_ 2~3을 다시 한 번 반복합니다.

5_ 식빵 두 조각을 가로 방향으로 길게 올립니다.

6_ 틀을 오븐팬에 올리고 200℃로 예열한 오븐에 30분 정도 구워요.

7_ 틀에 담긴 케이크를 그대로 식힘망 위에 올려 부풀어 오른 케이크가 어느 정도 가라앉을 때까지 10분 정도 둡니다. 그런 다음 틀에서 꺼내어 한 김 식힙니다.

Note
· 복숭아와 베리류는 잘 어울리는 조합이에요. 과즙이 풍부한 백도에 새콤달콤한 딸기 향이 잘 어우러진답니다.
· 홍차로는 얼 그레이를 추천합니다. 티백에 든 홍차는 찻잎이 자잘해서 빵이나 케이크를 만들 때 많이 쓰여요. 찻잎이 클 경우에는 잘게 다집니다.

단호박
Potiron

재료[18cm 길이의 파운드케이크 틀 1개 분량]

식빵(한 장의 두께가 15mm인 것) 4장

▶ 껍질을 잘라내고, 반으로 길게 자릅니다.

A | 푼 달걀 2개 분량
　　생크림 50ml
　　우유 50ml
　　설탕 3큰술
　　코코아파우더 1큰술

단호박 과육 200g ▶ 2cm 크기로 깍둑썰기한 후 랩으로 싸서 전자레인지에 3분 정도 돌려 부드럽게 익혀요.

크림치즈 70g ▶ 부드러워지도록 실온에 꺼내 둡니다.

생크림 50ml

그래뉴러당 3큰술

시나몬파우더 1작은술

호박씨 3큰술

사전 준비

• 틀에 오븐 시트를 깝니다.

• 오븐은 200℃로 예열합니다.

만드는 방법

1　스테인리스 쟁반에 A를 부어 섞은 다음, 식빵을 담가 적십니다. 곧바로 뒤집은 후, 그대로 15분 정도 둡니다.

2　볼에 크림치즈를 넣고 부드러워질 때까지 거품기로 저은 다음 그래뉴러당, 생크림, 시나몬파우더를 순서대로 넣습니다. 재료를 넣을 때마다 골고루 저어요. 단호박은 포크 등을 이용해 으깬 후 볼에 넣고 섞어요.

3　틀을 가로 방향으로 길게 놓고, 식빵 세 조각을 그 안에 세로 방향으로 길게 밀어 넣듯이 깐 다음, 실리콘 주걱 등을 이용해 평평하게 고릅니다.

4　**2**의 절반 분량을 올려 넓게 펴 바릅니다.

5　**3~4**를 다시 한 번 반복합니다.

6　식빵 두 조각을 가로 방향으로 길게 올리고, 호박씨를 뿌립니다.

7　틀을 오븐팬에 올리고 200℃로 예열한 오븐에 30분 정도 구워요.

8　틀에 담긴 케이크를 그대로 식힘망 위에 올려 부풀어 오른 케이크가 어느 정도 가라앉을 때까지 10분 정도 둡니다. 그런 다음 틀에서 꺼내어 한 김 식힙니다.

Note

• 단호박 크림과 코코아 반죽이 층을 이루는 세련된 케이크 완성! 할로윈에 안성맞춤이랍니다.

• 케이크 위에 뿌린 고소한 호박씨가 케이크의 맛을 한층 끌어올립니다.

62

재료 [18cm 길이의 파운드케이크 틀 1개 분량]

식빵(한 장의 두께가 15mm인 것) 6장

▶ 껍질을 잘라내고, 반으로 길게 자릅니다.

A | 푼 달걀 3개 분량
　　생크림 50ml
　　우유 50ml
　　설탕 4큰술

B | 인스턴트커피 2큰술
　　뜨거운 물 2큰술
　　럼주 1큰술
　　▶ 인스턴트커피를 뜨거운 물에 녹인 후 럼주를 첨가합니다.

크림치즈 100g ▶ 부드러워지도록 실온에 꺼내 둡니다.

그래뉴러당 1큰술

럼주 1작은술

코코아파우더 적당량

사전 준비

• 틀에 오븐 시트를 깝니다.
• 오븐은 200℃로 예열합니다.

만드는 방법

1_ 스테인리스 쟁반에 A와 B를 부어 섞은 다음, 식빵을 담가 적십니다. 곧바로 뒤집은 후, 그대로 15분 정도 둡니다.

2_ 볼에 크림치즈를 넣은 다음 부드러워질 때까지 거품기로 젓고 그래뉴러당, 럼주를 순서대로 넣습니다. 재료를 넣을 때마다 골고루 저으세요.

3_ 틀을 가로 방향으로 길게 놓고, 식빵 세 조각을 그 안에 세로 방향으로 길게 밀어 넣듯이 깐 다음, 실리콘 주걱 등을 이용해 평평하게 고릅니다.

4_ 2의 ⅓ 분량을 올려 넓게 펴 바릅니다.

5_ 3~4를 2번 더 반복합니다.

6_ 식빵 세 조각을 세로 방향으로 길게 올립니다.

7_ 틀을 오븐팬에 올리고 200℃로 예열한 오븐에 30분 정도 구워요.

8_ 틀에 담긴 케이크를 그대로 식힘망 위에 올려 부풀어 오른 케이크가 어느 정도 가라앉을 때까지 10분 정도 둡니다. 그런 다음 틀에서 꺼내어 한 김 식힙니다. 케이크를 그릇에 옮겨 담은 후, 코코아파우더를 뿌립니다.

Note
• 티라미수는 마스카르포네 치즈로 만드는 것이 일반적이지만, 크로크 케이크를 만들 때는 크림치즈가 더 잘 어울립니다.
• 알코올의 향을 좀 더 강하게 내고 싶다면 B에 첨가하는 럼주의 양을 조금 늘려도 됩니다.

티라미수 풍
Façon tiramisu

{ 녹차, 화이트초콜릿, 산딸기 }
Thé matcha-Chocolat blanc-Framboise

재료[18cm 길이의 파운드케이크 틀 1개 분량]

식빵(한 장의 두께가 15mm인 것) 6장

▶ 껍질을 잘라내고, 반으로 길게 자릅니다.

A┃ 푼 달걀 3개 분량
　 생크림 100ml

B┃ 녹차가루 ½큰술
　 설탕 1큰술
　 뜨거운 물 50ml

　 ▶ 녹차가루와 설탕을 섞은 다음 뜨거운 물을 조금씩 부어가며 녹여요.

판 화이트초콜릿 2개(90g)

산딸기 10개(40g) ▶ 세로로 반을 잘라요.

휘프드 크림
　 생크림 50ml
　 그래뉴러당 ½큰술

산딸기(장식용) 적당량

사전 준비

• 틀에 오븐 시트를 깝니다.
• 오븐은 200℃로 예열합니다.

Note

• 녹차가루의 향과 화이트초콜릿의 부드러운 단맛, 산딸기의 새콤한 맛이 서로의 맛을 한층 끌어올립니다.
• 산딸기는 냉동된 것을 사용해도 됩니다. 냉동 산딸기는 해동하지 않고 그대로 넣어요.

만드는 방법

1 스테인리스 쟁반에 A와 B를 부어 섞은 다음, 식빵을 담가 적십니다. 곧바로 뒤집은 후, 그대로 15분 정도 둡니다.

2 틀을 가로 방향으로 길게 놓고, 식빵 세 조각을 그 안에 세로 방향으로 길게 밀어 넣듯이 깐 다음, 실리콘 주걱 등을 이용해 평평하게 고릅니다.

3 그 위에 식빵 세 조각을 세로 방향으로 길게 올린 다음, 실리콘 주걱 등을 이용해 평평하게 고릅니다. 판 초콜릿 한 개를 얹고 산딸기 5개 분량을 골고루 뿌립니다.

4 3을 다시 한 번 반복합니다.

5 식빵 세 조각을 세로 방향으로 길게 올립니다.

6 틀을 오븐팬에 올리고 200℃로 예열한 오븐에 30분 정도 구워요.

7 틀에 담긴 케이크를 그대로 식힘망 위에 올려 부풀어 오른 케이크가 어느 정도 가라앉을 때까지 10분 정도 둡니다. 그런 다음 틀에서 꺼내어 한 김 식힙니다.

8 휘프드 크림을 만듭니다. 볼에 생크림과 그래뉴러당을 넣고 볼을 얼음물에 살짝 담가 바닥이 얼음물에 닿게 합니다. 그런 다음 거품기로 생크림을 저어 60% 휘핑합니다.

9 7을 그릇에 옮겨 담고 크림을 곁들인 다음, 장식용으로 남겨 둔 산딸기를 뿌립니다.

64

쇼콜라 오란주
Chocolat-Orange

재료[18cm 길이의 파운드케이크 틀 1개 분량]

식빵(한 장의 두께가 15mm인 것) 6장

▶ 껍질을 잘라내고, 반으로 길게 자릅니다.

A | 푼 달걀 3개 분량
　　오렌지 과즙 ½개 분량(약 50㎖)
　　오렌지 주스 약 50㎖
　　　▶ 과즙과 합쳐 100㎖가 되게 합니다.
　　설탕 3큰술

둥글게 썬 오렌지(1cm 두께) 3조각

▶ 껍질은 벗겨요.

판 초콜릿 2개(100g)

타임 잎 4~6줄기 분량

타임(장식용) 3~4줄기

사전 준비

• 틀에 오븐 시트를 깝니다.
• 오븐은 200℃로 예열합니다.

만드는 방법

1_ 스테인리스 쟁반에 A를 부어 섞은 다음, 식빵을 담가 적십니다. 곧바로 뒤집은 후, 그대로 15분 정도 둡니다.

2_ 틀을 가로 방향으로 길게 놓고, 식빵 세 조각을 그 안에 세로 방향으로 길게 밀어 넣듯이 깐 다음, 실리콘 주걱 등을 이용해 평평하게 고릅니다.

3_ 그 위에 식빵 세 조각을 세로 방향으로 길게 올린 다음, 실리콘 주걱 등을 이용해 평평하게 고릅니다. 초콜릿 한 개를 얹고 타임 잎 절반을 골고루 뿌립니다.

4_ 3을 다시 한 번 반복합니다.

5_ 식빵 세 조각을 세로 방향으로 길게 올리고, 그 위에 둥글게 자른 오렌지와 타임을 얹어요.

6_ 틀을 오븐팬에 올리고 200℃로 예열한 오븐에 30분 정도 구워요.

7_ 틀에 담긴 케이크를 그대로 식힘망 위에 올려 부풀어 오른 케이크가 어느 정도 가라앉을 때까지 10분 정도 둡니다. 그런 다음 틀에서 꺼내어 한 김 식힙니다.

Note

• 케이크에 올린 오렌지 장식이 화려한 인상을 줍니다. 손님 접대용이나 선물용으로 잘 어울려요.
• 판 초콜릿을 통째로 얹어 층을 만듭니다. 비터 초콜릿을 사용하면 좀 더 어른스러운 맛이 납니다.

가토 쇼콜라 풍
Façon gâteau au chocolat

재료[18cm 길이의 파운드케이크 틀 1개 분량]

식빵(한 장의 두께가 15mm인 것) 4장 ▶ 껍질을 잘라내요.

달걀 2개 ▶ 깨뜨려서 풀어요.

생크림 150ml

판 초콜릿 2개(100g) ▶ 쪼개요.

코코아파우더 3큰술

분당 적당량

사전 준비

• 틀에 오븐 시트를 깔아요.

• 오븐은 200℃로 예열합니다.

만드는 방법

1_ 볼에 생크림과 초콜릿을 넣고 중탕으로 녹인 다음, 실리콘 주걱으로 천천히 저어 섞습니다. 초콜릿이 완전히 녹으면 중탕에서 볼을 건진 후, 달걀을 넣고 골고루 섞어요.

2_ 식빵을 잘게 찢어 넣고(ⓐ 참조), 5분 정도 그대로 두었다가 거품기로 섞어요.

3_ 코코아파우더를 첨가한 후, 가루가 보이지 않을 때까지 실리콘 주걱으로 저어요.

4_ 틀에 **3**을 부어요.

5_ 틀을 오븐팬에 올리고 200℃로 예열한 오븐에 30분 정도 구워요.

6_ 틀에 담긴 케이크를 그대로 식힘망 위에 올려 부풀어 오른 케이크가 어느 정도 가라앉을 때까지 10분 정도 둡니다. 그런 다음 틀에서 꺼내어 한 김 식힙니다. 그릇에 옮겨 담은 뒤, 분당을 뿌립니다.

Note

• 식빵을 잘게 찢어 넣어 아파레유(Appareil, 밑재료를 혼합한 것)에 충분히 적시면 맛과 색이 고른 반죽이 완성됩니다.

• 재료를 섞어 굽기만 해도 촉촉하고 진한 가토 쇼콜라가 완성됩니다.

블루베리와 크럼블
Myrtille Emietter

재료[18cm 길이의 파운드케이크 틀 1개 분량]

식빵(한 장의 두께가 15mm인 것) 4장

▶ 껍질을 잘라내고, 반으로 길게 자릅니다.

A| 푼 달걀 2개 분량

　생크림 100ml

　설탕 3큰술

블루베리(냉동) 80g

크림치즈 150g ▶ 부드러워지도록 실온에 꺼내 둡니다.

그래뉼러당 2큰술

레몬즙 1큰술

크럼블

　아몬드파우더 20g

　박력분 20g

　그래뉼러당 20g

　버터(무염) 20g ▶ 8mm 크기로 깍둑썰기하여 차갑게 굳혀 둡니다.

사전 준비

· 틀에 오븐 시트를 깝니다.

· 오븐은 200℃로 예열합니다.

Note

· 산뜻한 치즈케이크에 크럼블을 올려 씹는 맛을 더한 케이크.

· 크럼블은 냉동실에 2주 정도 보관할 수 있어요. 구운 크럼블은 아이스크림 등에 토핑으로 얹어 먹어도 맛있답니다.

만드는 방법

1_ 크럼블을 만듭니다. 볼에 아몬드파우더, 박력분, 그래뉼러당을 넣고 골고루 섞어요.

2_ 여기에 버터를 첨가하고 가루를 묻혀가며 손으로 섞습니다. 소보로 상태가 되면(ⓐ 참조) 랩을 씌운 다음 냉장실에 넣어 차갑게 식힙니다.

3_ 스테인리스 쟁반에 A를 부어 섞은 다음, 식빵을 담가 적십니다. 곧바로 뒤집은 후, 그대로 15분 정도 둡니다.

4_ 볼에 크림치즈를 넣고 부드러워지도록 거품기로 저어요. 여기에 그래뉼러당을 넣어 섞은 다음 레몬즙을 넣고 골고루 섞어요.

5_ 틀을 가로 방향으로 길게 놓고, 식빵 세 조각을 그 안에 세로 방향으로 길게 밀어 넣듯이 깐 다음, 실리콘 무석 통을 이용해 평평하게 고릅니다.

6_ 4의 절반 분량을 올려 넓게 펴 바른 다음, 블루베리 40g을 뿌립니다.

7_ 5~6을 다시 한 번 반복합니다.

8_ 식빵 두 조각을 가로 방향으로 길게 올리고, 그 위에 다시 크럼블을 얹습니다.

9_ 틀을 오븐팬에 올리고 200℃로 예열한 오븐에 30분 정도 구워요.

10_ 틀에 담긴 케이크를 그대로 식힘망 위에 올려 부풀어 오른 케이크가 어느 정도 가라앉을 때까지 10분 정도 둡니다. 그런 다음 틀에서 꺼내어 한 김 식힙니다.

타르트 타탕 풍
Façon tarte tatin

재료[18cm 길이의 파운드케이크 틀 1개 분량]

식빵(한 장의 두께가 15mm인 것) 3장

▶ 껍질을 잘라내고, 반으로 길게 자릅니다.

A| 푼 달걀 1개 분량

   생크림 50ml

   설탕 1큰술

캐러멜

   그래뉼러당 40g

   찬물 2작은술

   뜨거운 물 1사은술

캐러멜 사과

   사과 작은 것 2개(350g) ▶ 반달 모양으로 8등분해요.

   그래뉼러당 20g

   찬물 1작은술

   버터(무염) 10g

사전 준비

· 틀에 오븐 시트를 깝니다.

· 오븐은 200℃로 예열합니다.

만드는 방법

1_ 스테인리스 쟁반에 A를 부어 섞은 다음, 식빵을 담가 적십니다. 곧바로 뒤집은 후, 그대로 15분 정도 둡니다.

2_ 캐러멜을 만듭니다. 프라이팬에 그래뉼러당과 찬물을 넣고 중불에서 가열합니다. 그래뉼러당이 녹아 반투명한 밝은 갈색을 띠면 불에서 내린 다음 뜨거운 물을 첨가합니다. 그리고 틀 바닥에 부은 다음 냉장실에서 식힙니다.

3_ 캐러멜 사과를 만듭니다. 프라이팬에 그래뉼러당과 찬물을 넣고 중불에서 가열합니다. 그래뉼러당이 녹아 반투명한 밝은 갈색을 띠면 버터와 사과를 넣어요(ⓐ 참조). 물기가 거의 없어질 때까지 10분 정도 졸입니다(ⓑ 참조).

4_ 틀에 **3**을 가득 깔아요(ⓒ 참조).

5_ 틀을 가로 방향으로 길게 놓고, 식빵 세 조각을 세로 방향으로 길게 늘어놓은 다음, 실리콘 주걱 등을 이용해 평평하게 고릅니다. 남은 식빵 세 조각도 같은 방법으로 올립니다.

6_ 틀을 오븐팬에 올리고 200℃로 예열한 오븐에 30분 정도 구워요.

7_ 틀에 담긴 케이크를 그대로 식힘망 위에 올려 부풀어 오른 케이크가 어느 정도 가라앉을 때까지 10분 정도 둡니다. 한 김 식으면 냉장실에 넣어 차갑게 식힙니다.

8_ 오븐 시트가 붙어 있는 상태로 틀에서 꺼낸 다음, 접시를 덮은 채로 거꾸로 뒤집고(ⓓ 참조), 오븐 시트를 벗깁니다.

Note

· 쌉싸름한 캐러멜을 이용해 사과의 단맛을 끌어냅니다. 아이스크림이나 휘프드 크림을 곁들여 먹어 보세요.

· 사과 중에서도 특히 홍옥을 사용하면 더욱 맛있어요.

부쉬 드 노엘 풍
Façon bûche de noël

재료[18cm 길이의 파운드케이크 틀 1개 분량]

식빵(한 장의 두께가 15mm인 것) 8장 ▶ 껍질을 잘라내요.

판 초콜릿 2개(100g) ▶ 잘게 부숴요.

생크림 2큰술

코코아파우더 2큰술

럼주 ½큰술

A｜푼 달걀 2개 분량

　생크림 100ml

　설탕 1큰술

　▶ 골고루 섞어요.

코코아크림

　코코아파우더 2작은술

　뜨거운 물 1큰술

　생크림 100ml

　그래뉼러당 2작은술

분당 적당량

사전 준비

• 틀에 오븐 시트를 깝니다.

• 오븐은 200℃로 예열합니다.

만드는 방법

1_ 볼에 초콜릿과 생크림을 넣고 중탕하면서 실리콘 주걱으로 천천히 섞습니다. 초콜릿이 녹으면 코코아파우더와 럼주를 첨가하고, 가루가 보이지 않을 때까지 섞어요([a] 참조).

2_ 식빵의 한쪽 면에 **1**을 바르고([b] 참조), 세로 방향으로 길게 4장을 늘어놓은 다음, 끝에서부터 둥글게 말아요([c][d] 참조). 이음매가 바닥을 향하도록 틀에 담습니다([e] 참조). 남은 식빵 4장도 같은 방법으로 말아 틀에 담아요([f] 참조).

3_ 틀에 A를 식빵 전체에 스며들도록 붓습니다([g][h] 참조).

4_ 틀을 오븐팬에 올리고, 200℃로 예열한 오븐에 30분 정도 구워요.

5_ 틀에 담긴 케이크를 그대로 식힘망 위에 올려 부풀어 오른 케이크가 어느 정도 가라앉을 때까지 10분 정도 두었다가 틀에서 꺼내어 한 김 식힙니다.

6_ 코코아크림을 만듭니다. 볼에 코코아파우더와 뜨거운 물을 넣고 거품기로 저어 녹입니다. 여기에 생크림과 그래뉼러당을 첨가하고, 볼의 바닥을 얼음물에 담근 채로 거품기로 저어요. 크림을 들어 올렸을 때 끝부분이 뾰족하게 설 때까지 젓습니다(80% 휘핑).

7_ **5**의 한쪽 끝을 비스듬하게 자른 다음([i] 참조), 팔레트 나이프로 양끝을 제외한 케이크 전체에 코코아크림을 바릅니다([j] 참조). 잘라낸 케이크의 단면이 위로 오게 올리고([k] 참조), 단면을 제외한 부분에 코코아크림을 바른 다음([l] 참조), 분당을 뿌립니다.

Note

• 식빵의 단면이 나무의 나이테처럼 보이도록 둥글게 말아서 크리스마스에 어울리는 부쉬 드 노엘 풍의 케이크를 만들어요.

• 아이들과 먹을 때는 럼주를 빼고 만들어도 됩니다.

다른 빵으로 만드는 요리
Gratin de pain, baguette farcie, savarin

▶ 고슴도치 빵과 크로크 케이크 외에도 평범한 빵으로 만들 수 있는 다양한 요리를 소개합니다.
▶ 불이나 캄파뉴, 바게트, 브리오슈 등으로 애피타이저나 간식을 만들 수 있어요.

빵 그라탱
Gratin de pain

빵 그라탱
Gratin de pain

재료

불 1개 ▶ 위쪽 ⅓을 잘라낸 다음(⒜ 참조), 크럼(빵의 흰 부분)을 바깥에서 1cm 정도만 남기고 모두 파내요(ⓑⓒⓓ 참조).

새우 6마리

얼레짓가루 적당량

아스파라거스 3개

양파 ¼개

버터(가염) 10g

박력분 1큰술

우유 100ml

소금 적당량

후추 적당량

피자용 치즈 40g

만드는 방법

1_ 새우는 껍질을 벗기고 꼬리와 내장을 제거합니다. 손질한 새우에 소금과 얼레짓가루를 뿌려 주무른 후 찬물에 헹굽니다. 그런 다음 소금을 살짝 넣고 끓인 물에 2분 정도 데칩니다. 아스파라거스는 소금을 살짝 넣고 끓인 물에 1분 정도 데친 후 4cm 길이로 비스듬하게 자릅니다. 양파는 얇게 썰어요(ⓔ 참조).

2_ 프라이팬에 버터를 넣고 중불에 달군 후 양파를 볶아요. 양파의 숨이 죽으면 박력분을 넣어 함께 볶다가(ⓕ 참조) 우유를 부어 골고루 섞습니다. 걸쭉해지기 시작하면(ⓖ 참조) 소금 ¼작은술과 후추를 뿌리고, 새우와 아스파라거스를 넣어 함께 섞어요.

3_ 속을 파낸 불에 **2**를 채우고(ⓗ 참조), 피자용 치즈를 얹습니다.

4_ 오븐팬에 오븐 시트를 깔고 **3**과 처음 잘라낸 윗부분을 올린 다음(ⓘ 참조), 180℃로 예열한 오븐에 10분 정도 구워요.

Note
• 불을 그릇으로 사용한 독특한 그라탱. 불을 자르지 않고, 처음 잘라낸 윗부분을 뚜껑 삼아 통째로 놓아도 됩니다.
• 그라탱에 들어가는 재료는 입맛에 따라 다양하게 응용할 수 있어요.
• 파낸 크럼(빵의 흰 부분)으로는 크루통을 만들어요. 프라이팬에 올리브유를 1큰술 둘러 달군 후, 1cm 크기로 네모나게 썬 크럼을 바삭하게 구워요. 이렇게 만든 크루통은 수프 등에 넣어 먹으면 맛있답니다(ⓙ 참조).

크림치즈와 말린 과일

니스 풍 포테이토 샐러드

스터프드 바게트
Baguette farcie

니스 풍 포테이토 샐러드

재료

바게트 ½개(약 30cm)
▶ 양끝을 자른 다음, 크럼(흰 부분)을 겉에서부터 8mm 정도만 남기고 모두
파내요([a][b][c][d] 참조).

감자 작은 것 2개(250g) ▶ 한입 크기로 썰어요.

초록깍지 강낭콩 8개 ▶ 소금물에 2분 정도 데친 후 3cm 길이로 잘라요.

삶은 달걀 2개 ▶ 6등분해요.

검은 올리브(씨 없는 것) 3개 ▶ 얇게 썰어요.

식초 1작은술

소금 · 후추 적당량

A│ 안초비(필레) 1개 ▶ 잘게 다져요.
　　마요네즈 1½큰술
　　홀 그레인 머스터드 1큰술
　　올리브유 ½큰술
　　설탕 ½작은술
　　▶ 골고루 섞어요.

만드는 방법

1_ 냄비에 감자를 넣고 잠길 정도로 물을 부은 다음 중불에
올립니다. 물이 끓기 시작하면 5분 정도 데칩니다. 꼬치로 찔
렀을 때 푹 들어갈 정도로 익으면 뜨거운 물을 버리고, 다시
중불에 올려 물기가 날아가게 합니다.

2_ 볼에 **1**을 넣고 포크 등으로 으깬 후, 식초와 소금, 후추를
넣고 골고루 섞어요.

3_ 초록깍지 강낭콩, 검은 올리브, 삶은 달걀, A를 넣고 가볍
게 버무립니다.

4_ 바게트의 한쪽 끝을 랩으로 감싼 다음([e] 참조), 다른 한쪽
으로 **3**을 넣어 가득 채우고([f] 참조), 실리콘 주걱 등으로 단면
을 고르게 한 다음([g] 참조), 2cm 너비로 자릅니다.

크림치즈와 말린 과일

재료

바게트 ½개(약 30cm)
▶ 끝을 자른 다음, 크럼(흰 부분)을 겉에서부터 8mm 정도만 남기고 모
두 파냅니다([a][b][c][d] 참조).

크림치즈 200g ▶ 부드러워지도록 실온에 꺼내 둡니다.

건포도 40g

건크랜베리 30g

건살구 30g ▶ 8mm로 깍둑썰기해요.

호두(볶은 것 · 무염) 40g ▶ 굵게 다져요.

벌꿀 2큰술

만드는 방법

1_ 볼에 크림치즈를 넣고 부드러워질 때까지 나무 주걱으로
저은 다음, 바게트를 제외한 다른 재료를 모두 넣고 골고루 섞
어요.

2_ 바게트의 한쪽 끝을 랩으로 감쌉니다([e] 참조). 그리고 다
른 한쪽으로 **1**을 넣어 가득 채운 다음 랩을 벗기고 2cm 너비
로 자릅니다.

Note
• 파낸 크럼으로는 빵가루를 만듭니다. 크럼을 1.5cm 정도의 크기로 찢은
　후, 오븐 시트를 깐 오븐팬에 올려 150℃로 예열한 오븐에 5~10분 정도 구
　워요. 식힘망에 올려 한 김 식힌 다음 푸드 프로세서에 넣고 원하는 굵기로
　갈아요([h] 참조).
• 브레드 나이프만으로 바게트 속을 파내기 힘든 경우에는 밀대 등을 이용하
　세요([c] 참조).

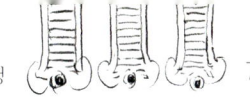

사바랭
Savarin

재료 [2개 분량]

브리오슈(높이 약 8cm) 2개 ▶ 위쪽 ⅓을 가로 방향으로 잘라요([a] 참조).

오렌지 1개

▶ 겉껍질과 속껍질을 벗기고 과육 부분만을 남겨요([b][c] 참조).

A| 홍차(진하게 우린 것) 100ml

설탕 1½큰술

럼주 1½큰술

오렌지 과즙 1큰술

▶ 남은 속껍질을 매서 등으로 눌러 짜내요([d] 참조).

휘프드 크림

생크림 50ml

그래뉼러당 ½큰술

다진 피스타치오 적당량

만드는 방법

1_ 스테인리스 쟁반에 A를 부어 저은 다음, 브리오슈의 단면이 아래로 가도록 빵을 담가 적십니다[e] 참조). 그런 다음 랩을 씌우고 냉장실에 넣어 1시간 이상 차갑게 식혀요.

2_ 휘프드 크림을 만듭니다. 볼에 생크림과 그래뉼러당을 넣고, 볼의 바닥을 얼음물에 살짝 담근 채로 거품기로 저어요. 크림을 들어 올렸을 때 끝부분이 뾰족하게 설 때까지 저어요 (80% 휘핑. [f] 참조).

3_ 접시에 브리오슈를 담고, 그 위에 휘프드 크림과 오렌지를 올려 장식한 다음 피스타치오를 뿌립니다.

Note

• 프랑스의 정치가이자 미식가로 유명한 브리야 사바랭(Jean Anthelme Brillat-Savarin)에게 경의를 표하기 위해 그의 이름을 딴 프랑스 과자예요.

• 홍차는 뜨거운 물 100ml에 티백 1개를 넣어 5분 정도 우린 것을 사용해요.

• 포크로 자르면 시럽이 촉촉하게 배어나올 정도로 빵을 시럽에 충분히 적셔요. 차갑게 해서 먹으면 더 맛있답니다.

평범한 빵이 화려하게 변신하는

마법의 빵

1판 1쇄 인쇄 2017년 9월 8일
1판 1쇄 발행 2017년 9월 15일

글쓴이 야기 가나
옮긴이 황세정
펴낸이 이경민

편집 최정미, 유지현
디자인 상 컴퍼니

펴낸곳 ㈜동아엠앤비
출판등록 2014년 3월 28일(제25100-2014-000025호)
주소 (03737) 서울특별시 서대문구 충정로 35-17 인촌빌딩 1층
전화 (편집) 02-392-6901 (마케팅) 02-392-6900
팩스 02-392-6902
전자우편 damnb0401@naver.com
블로그 blog.naver.com/damnb0401
페이스북 www.facebook.com/dongamnb

ISBN 979-11-87336-47-1 14590
　　　979-11-87336-25-9 (세트)

1. 책 가격은 뒤표지에 있습니다.
2. 잘못된 책은 구입한 곳에서 바꿔 드립니다.
3. 저자와의 협의에 따라 인지는 붙이지 않습니다.
4. 이 도서의 국립중앙도서관 출판예정도서목록(CIP)은
서지정보유통지원시스템 홈페이지(http://seoji.nl.go.kr)와 국가자료공동목록시스템
(http://www.nl.go.kr/kolisnet)에서 이용하실 수 있습니다. (CIP제어번호: CIP2017020617)